과학을 공부하는 과학

과학을 공부하는 과학

뜨거워지고 위험해지는 지구에서 살아남는 법

최준호 지음

머스트리드북

/ 추천사 /

첨단 과학의 지평을 담은 소중한 책

21세기는 과학과 기술의 세기다. 과학을 이해하지 못하고 적극적으로 활용하지 못하면, 인간다운 삶을 누리기 어려운 시대다. 과학은 어렵고 난해하다. 한편으로 과학은 복잡한 현실을 명확하게 이해하기 위해서 꼭 필요한 것이다. 험난한 세상에서 개인의 소중한 건강과 재산을 지켜주는 수단이기도 하다. 불확실한 미래를 헤쳐 나갈 용기를 갖게 해주는 것도 바로 과학이다. 그래서 노벨상을 수상한 미국의 천재 물리학자 리처드 파인먼은 과학을 '악령(惡靈)이 춤추는 세상에서 우리를 지켜줄 수 있는 유일한 등불'이라 했다. 그런 과학을 공부하는 일이 누구에게나 쉽고 재미있을 수는 없다. 그렇다고 함부로 포기할 수도, 외면할 수도 없는 것이다. 현실의 어려움을 극복하고 더 나은 미래를 개척하기 위해서 꿈을 펼쳐나가려면, 과학에 대한 관심과 과학을 공부하기 위한 노력이 필수적이라는 사실을 잊지 말아야 한다.

암울한 팬데믹 시대에도 희망을

중국 우한의 수산물 시장에서 공식적으로 처음 확인된 신종 코로나바이러스 감염증(코로나19) 팬데믹이 여전히 지구촌을 무겁게 짓누르고 있다. 그동안 79억 명에 달하는 세계 인구 중에서 2억6300만 명이 감염되었고, 523만 명이 소중한 목숨을 잃었다. 많은 사람이 이제까지 인류가 한 번도 경험해보지 못한 참혹한 재앙이라며 야단법석이다.

심지어 지난 한 세기 동안 놀랍도록 발전한 과학기술 때문에 인구가 지나치게 늘어났고, 자연환경도 심각하게 훼손되었다는 어처구니없는 지적도 있다. 코로나19와 같은 재앙적인 감염병이 등장한 것도 무분별한 과학기술을 앞세운 인간의 탐욕 때문이라는 것이다. 앞으로는 지구온난화에 의한 기후 위기 탓에 치명적인 감염병이 더욱 자주 발생하리라는 어설픈 종말론적 주장이 놀라운 설득력을 발휘하고 있다.

이런 주장들은 역사적 사실에 어긋나는 억지다. 지난 20세기에 인류가 겪었던 두 차례의 세계대전은 코로나19와 비교도 할 수 없을 정도로 참혹했다. 전 세계에서 1차 세계대전의 희생자가 1천만 명이 넘었다. 2차 세계대전으로 목숨을 잃은 사람도 6천만 명에 이른다. 그뿐 아니다. 1918년 3월 미국 캔자스주에서 처음 발병한 것으로 알려진 스페인 독감은 당시 세계 인구 18억 명 중 5억 명을 감염시켰고, 최대 5천만 명의 목숨을 앗아갔다. 그런데도 감염병의 원인도 알지 못했고, 백신이나 치료제도 기대할 수 없었다. 심지어는 감염병이 어떻게 전파되는지 짐작조차 할 수 없었다. 스페인 독감이 H1N1 A형 인플루엔자 바이러스에 의한 감염병이었다는 사실이 밝혀진 것은 2005년이었다. 20세기 후반에 놀랍도록 발달한 생명과학 덕분이었다.

지난 한 세기 동안 코로나19와 같은 감염병에 대한 우리의 대응 능력은 놀라운 수준으로 강화되었다. 감염병 원인을 밝혀냈고, 백신과 치료제도 개발했다. 무엇보다도 감염병이 전파되는 상황을 실시간으로 파악할 수 있는 능력을 갖추었다. 20세기 우리가 이룩한 성과는 실로 놀라운 것이었다.

코로나19 팬데믹도 예외가 아니다. 2019년 12월 31일에 증상이 처음 확인되고 채 한 달이 지나지 않아 코로나19를 일으키는 SARS-CoV-2 바이러스 정체를 분명하게 밝혀냈다. 특히 2만9903개의 염기로 구성된 RNA 염기서열까지 낱낱이 파악했다. 2020년 2월 4일에 한국이 세계 최초로 코로나19에 특화된 PCR(중합효소 연쇄반응) 진단 키트를 개발할 수 있었던 것도 바이러스의 유전 정보 덕분이었다. 그해 11월 말에는 미국·영국·독일에서 코로나19 전파를 차단해주는 백신을 개발했다. 인공적으로 합성한 유전물질을 이용한 mRNA 백신을 개발한 것은 인류 역사상 최초의 일이었다.

그럼에도 불구하고 코로나19와의 씨름은 여전히 힘겹다. 코로나19 바이러스와 방역에 대한 가짜 뉴스가 넘쳐나는 현실도 상황을 더욱 어렵게 만든다. 코로나19에 대한 과학적이고 합리적인 정보를 무시한 방역 정책에도 아쉬움이 남는다. 더욱이 백신 개발에 성공하고 1년이 지났지만, 아직도 전 세계 백신 접종률은 54.4퍼센트에 지나지 않는다. 특히 저개발국가의 접종률은 6퍼센트 수준을 벗어나지 못하고 있다.

과학기술의 성과를 이룩하는 일도 어렵지만, 더 많은 사람이 그 혜택을 직접 향유(享有)할 수 있도록 만드는 일은 더욱 어렵다. 그런 까닭에 모든 사람이 과학을 공부하고, 활용할 수 있는 능력을 갖추는 일이 무엇보다 중요하다.

과학을 공부하는 길

과학을 공부하는 길이 정해져 있는 것은 아니다. 학교에서의

과학 교육이 중요한 것은 사실이다. 완벽한 논리적 체계를 갖춘 과학 지식을 온전하게 이해하려면 체계적인 교육이 필요하기 때문이다. 그렇다고 모두가 힘들고 어려운 학교 교육의 틀에 갇혀 있어야 하는 것은 아니다. 나무를 자세하게 살펴보고 이해하는 노력도 중요하지만, 멀리 떨어져서 수많은 나무로 이루어진 숲의 모습을 파악하는 시도 역시 소중하다. 과연 무엇을 위해서 과학을 공부해야 하는지 이해하고, 도대체 자신이 어디에 서 있고 어디를 향해 가야 하는지 가늠해볼 필요가 있기 때문이다.

저자는 평생 과학과 그 과학을 바탕으로 한 산업 현장을 누빈 융합형 고참 과학 전문기자다. 첨단 과학의 현장에는 언제나 최준호 기자가 있었다. 최 기자는 현재의 과학이 만들어낼 미래 사회에 대해서도 깊은 관심을 가진 독특한 과학 전문기자이기도 하다. 『과학을 공부하는 과학』은 그런 저자가 소개하는 첨단 과학의 지평을 담은 소중한 책이다. 우주과학과 우주 탐사, DNA와 줄기세포를 필두로 한 생명과학 그리고 기후 위기 앞에 선 인류의 대처 등을 취재 현장에서 직접 길어 올린 생생한 증언과 이를 바탕으로 한 미래에 대한 깊은 통찰력까지 보여주고 있다.

'우주'는 과학의 궁극적인 목표다. 드넓은 우주와 수많은 천체는 언제나 인류에게 아련한 꿈과 희망을 심어주는 역할을 해왔다. 아무도 함부로 가까이 다가갈 수 없다는 점에서 우주와 천체는 신비와 동경의 대상이기도 했다. 이제는 세상이 달라지고 있다. 인류가 달과 화성 그리고 소행성의 정체를 직접 파헤치기 시작했다. 우리 인류가 단순히 지켜볼 수밖에 없었던 우주와 천체를 직접 찾아가서 탐사하는 능력을 갖추게 되었다는 뜻이다.

'생명'도 과학의 영원한 탐구 대상이다. 생명이 절대 침범해서는 안 되는 성스러운 신(神)의 영역이고, 절대 열어볼 수 없는 판도라의 상자라는 주장은 더 이상 설득력이 없다. 생명이 무엇이고, 생태계가 어떻게 작동하고 있는지 다루는 현대 생명과학은 21세기를 살아가는 사람이라면 누구나 공부해야 하는 상식이다. 겉으로 드러나는 생명의 특성에만 의존하는 전통적인 생물학은 빠르게 설 자리를 잃어가고 있다.

'위기 극복'은 인간에게 주어진 숙명과도 같은 것이다. 자연환경이 인간을 위해서 존재한다는 인간 중심적 환상은 더 이상 의미가 없다. 나날이 뜨거워지고 있는 지구의 자연환경은 결코 인간을 위해 존재하는 것이 아니다. 오히려 인간은 거칠고 위험한 자연환경에서 살아남기 위해서 혼신의 노력을 다할 수밖에 없는 연약한 존재라는 사실을 절대 잊지 말아야 한다.

인류의 가장 중요한 생존과 번영의 수단이었던 '기술'이 이제 거꾸로 인류의 생존을 위협하는 황당한 일이 벌어지고 있다. '과학'으로 무장한 기술이 인류의 영원한 생존을 지켜주리라는 보장은 어디에서도 찾아볼 수 없다. 그렇다고 우리가 과학과 기술을 포기하고 자연으로 돌아갈 수 있는 것은 절대 아니다. 우리를 반겨줄 깨끗하고, 아름답고, 안락한 자연은 꿈에서나 존재하는 것이다. 거칠고 위험한 자연에서의 생존은 우리 스스로의 노력으로 얻어질 수 있다.

과학은 우리를 이끌어주는 유일한 '등불'이다. 그런 과학을 단순한 호기심의 대상으로 전락시켜서는 절대 안 된다. 이 책이 그간 '과학은 남의 일'이라고 생각했던 사람들이 과학에 한 걸음 다가서고 친숙해지는 데 밑거름이 되리라 믿는다. 21세기 현재를 변화시키고, 인류에게 미래에 도전하는 용기를 불어넣어주는 가장 큰 힘은 과학기술이다.

이덕환(서강대 명예교수, 화학·과학 커뮤니케이션)

/ 프롤로그 /

두려움을 넘어 앎의 영역으로

수업 시작종이 울렸다. 선생님은 화판만큼 큰 출석부와 당구봉처럼 생긴 지휘봉을 들고 교실로 들어오셨다. 교탁에 출석부와 지휘봉을 올려놓은 뒤 분필을 들고 칠판으로 돌아섰다. 진초록 칠판 맨 왼쪽 위에서부터 판서가 시작됐다. '탁탁탁탁…' 하얀 분필에서 경쾌한 소리와 함께 쏟아져 나오는 현란한 판서가 50분 수업 시간을 쉼 없이 달린다. 60명 학생은 선생님의 판서 속도를 따라잡기 버겁다. 가끔 교실 뒤쪽에서 떠드는 소리가 나면, 순식간에 돌아선 선생님의 분필 미사일이 교실을 가로질렀다. 그렇게 하얀색 분필 글씨가 가득 차고 선생님의 손끝이 칠판 오른쪽 아래에 도착할 때쯤 여지없이 수업을 마치는 종이 울린다. 아우… 휴우~. 50분 쉼 없는 미세 노동에 시달린 엄지, 검지, 중지가 비명을 지른다.

나의 고교 시절인 1980년대 중반 생물 시간 풍경이다. 내 기억 속 생물과 생물 선생님은 그랬다. 강의도 질문도 없이 죽도록 받아 적기만 한 생물 과목은 지루한 암기과목 그 이상도 그 이하도 아니었다. 선생님이 다르긴 하지만, 화학이나 물리 시간도 크게 다르지 않았다. 문과였던 나는 대학 입학과 함께 과학과 아쉬움 없는 작별을 했다. 내 삶과 과학은 아무런 관련이 없는 세계라고 생각했다.

아…. 그 선생님도 아마 아셨으리라. 생물 선생님의 별명은 '째째파리'(체체파리)였다. 수업 중에 "아프리카에 사는 흡혈 파리 '체체파리'라는 놈에게 피를 빨리면, 수면병에 걸려 시름시름 앓다 죽는다"는 얘기를 들었던가, 아니면 받아 적었던가. 지겹고 졸린 눈을 비비며 '선생님이야말로 체체파리야, 생물 시간만 되면 엄청나게 졸려'라고 생각했던 기억만은 또렷하게 남아 있다.

미래는 꿈꾸고 만들어 나가는 것이라지만, 그래도 사람 일은 모른다. 대학을 졸업하고 신문기자가 돼 사회부와 국제부를 거쳐 기업을 취재하는 산업부와 경제부처나 금융기관을 담당하는 경제부에서 주로 근무하던 내게 어느 날 과학이 다가왔다.

경제 정책과 금융은 산업으로 이어졌고, 또 그 산업의 뿌리는 과학기술이었다. 세월이 흐를수록 한국 사회에서 과학기술의 중요성은 더욱더 커졌다. 기자는 사회에서 화두가 되는 것을 따라갈 수밖에 없는 운명이다. 그렇게 일 때문에 다시 만난 과학은 전혀 다른 모습이었다. 나 자신과 내 삶이 곧 과학이라는 사실을 깨달았다.

기자가 되어 다시 만난 과학

2003년 인체의 지도라는 인간 게놈 프로젝트가 완성되고, 연구가 진화를 거듭했다. 유전자 가위라는 것도 나와 DNA의 염기서열을 원하는 대로 잘라내고 붙일 수 있는 시대가 열리기 시작했다. 앞서 1998년 개봉한 SF영화 〈가타카〉가 말한 '디자이너 베이비' 시대가 어떤 메시지를 던지는지 새삼 실감하게 됐다.

이때쯤 든 의문. 왜 생물 선생님은 생물이 나와 지극히 깊은 관련이 있다는 사실을 얘기해주지 않았을까. 왜 〈가타카〉는 아니더라도 비슷한 영화나 소설이라도 추천해주면서 생물을 얘기해주지 않았을까. 만약 그랬다면, 난 생물학자의 꿈을 키웠을 텐데. 화학도 마찬가지였다. 우주가 원소기호 1번 수소(H)에서 시작해 합쳐지면서 헬륨(He)이 되고, 또 그렇게 더 무거운 원소가 되고, 그게 별이 되고, 행성이 태어나고, 바다가 생겨나고, 아메바가 태어나고, 그 진화의 끝에 사람, 즉 호모사피엔스가 등장했다는 이야기를 들려주었다면….

나의 고교 시절인 1980년대 중반은 한국이 첨단 과학을 논하기 어려웠던 때가 아니었을까. 산업화에 주력하느라 선진국을 따라잡기에도 바쁜 시절이었다. 하지만 그때도 학교 밖 과학은 있었고, 학교처럼 그렇게 재미없진 않았다. 수송과학기술협회라는 곳에서 발간한 월간 과학 잡지《학생과학》은 매호 해외의 최신 과학기술을 소개했다. 미국 천문학자 칼 세이건의 명저 『코스모스』와 우주에 관한 이야기는 신비에 가득 찼다. 하지만 그《학생과학》은 1995년을 끝으로 역사 속으로 사라졌다. 그 10년 전 지금의《과학동아》가 창간돼 한국 과학 잡지의 명맥을 이어오고 있는 점은 다행이다.

21세기 중고교 과학 수업의 모습은 어떨까. 굳이 얘기하지 않아도 '공교육 붕괴'는 과학 수업에도 적잖은 영향을 미쳤다. 1990년대부터 부활하기 시작한 사교육 시장과 선행학습은 학생들을 주입식 교육의 끝판왕으로 내몰아왔다. 공교육은 부실하고 사교육은 입시에 몰두하고 있으니, 살아있는 과학 교육이 될 리 없다. 그렇게 중고교에서 외우기에 시달린 끝에 대학에 들어서면 '번아웃'(burnout). 이공계가 아닌 대학으로 간 성인들은 그 길로 과학과는 작별이었다.

문과 출신 기자의 과학 연애기

『과학을 공부하는 과학』은 고교 졸업 후 과학과 담쌓고 지낸 문과 출신 기자인 나의 과학 연애기이기도 하다. 만남은 우연으로 시작했다. 16년 차 기자 시절 처음 만난 미래학이 그 계기라 할 수 있다. 미국 휴스턴대학에서 미래학을 강의하던 피터 비숍 교수가 방한해 내 눈을 뜨게 했다. 이어 1년간 해외연수를 떠날 기회가 생기면서 본격적으로 미래학을 공부하게 됐다. 미국 미래학의 본산인 하와이미래학연구소(HRCFS)를 찾아가 미래학의 대부라 할 수 있는 짐 데이터 교수와 교류했다. 그는 첫 만남에서 2050년 화성 이주시대 정치체제를 연구하는 프로젝트를 진행하고 있다고 말해 나를 깜짝 놀라게 했다. 나는 그의 강의를 듣고, 그와 인터뷰하면서 미래학이 무엇인지 조금씩 알아갔다.

과학 얘기를 하다가 웬 미래학이냐고 물을 수 있다. 35만 년 인류 역사에서 미래와 과학은 대부분 아무런 관련이 없었을 것이다. 봄이 지나면 여름이 오고, 가을이 오고 또 겨울이 오는 세월의 흐름은 규칙적이고 큰 변화가 없었을 것이다. 하지만 그 35만 년의 끄트머리 20세기부터 가파르게 발전하기 시작한 과학은 인류 역사를 급진적으로 바꿔놓기 시작했다. 미래학자 앨빈 토플러(1928~2016)는 저서 『미래 쇼크』에서 과학기술의 현란한 발전에 관한 얘기를 풀어놓았다. 그랬다. 현대사회에서 미래를 만들어 나가는 가장 큰 동인(動因)은 과학기술이었다. 우주의 시작과 지구의 탄생뿐 아니라 인류의 미래 변화를 알려면 과학기술을 알아야 했다.

그렇게 나를 중심으로 피어나는 호기심을 풀어보고 싶다는 생각에 다시 만난 과학은 고교 시절에 봤던 지루하고 재미없는 암기과목이 아니었다.

이 책은 문과 출신 과학·미래 전문기자가 지난 수년간 쓴 칼럼을 재구성한 것이다. 그 속에는 해발 1000미터 광활한 뉴멕시코 광야에 건설된 우주 공항에서 우주여행이 시작된다는 얘기도, 138억 년 우주 역사의 비밀을 풀어낼 우주망원경 얘기도 생생하게 담겨 있다. 글 속에 끼어 있는 SF영화들을 하나둘 탐사해보는 것은 뜻밖의 재미를 선사한다. 또 다른 충격에 가득 찰 미래에 대비하고자 하는 사람들이 알고 싶은 것, 또 알아야 할 것으로 골라 담으려 했다.

예전엔 내게도 과학은 어렵고 두려운 대상이었다. 하지만 취재 현장에서 만난 첨단 과학은 우리 삶과 너무나도 가까이 있는 재미난 이야기보따리였다. 그런 과학이 앞으로 다가올 세상을 어떻게 바꾸고, 또 어디까지 확장해 나갈지 궁금하다.

우리 삶 가까이 있는 이야기보따리

책은 1부 우주와 천체에 관한 과학, 2부 생물다양성과 인공지능(AI)에 관한 과학, 3부 지구환경에 관한 과학으로 구성됐다. 1부에서는 내가 직접 발로 뛰며 찾아간 우주 탐사 현장을 중심으로 21세기 인류가 도전하고 있는 첨단 우주과학 이야기를 실었다. 미국 뉴멕시코에 있는 세계 최초 우주 공항 스페이스포트 아메리카, 시애틀 남쪽 소도시 켄트에 있는 제프 베이조스의 우주 기업 블루오리진, 한반도 남쪽 끝 외나로도의 나로우주센터 등에서 펼쳐지는 모험 이야기다.

마이클 베이 감독, 브루스 윌리스 주연의 SF영화 〈아마겟돈〉처럼 언젠가 지구로 돌진할지 모르는 소행성과 혜성에 관한 이야기, 수많은 인공위성 발사체로 가득 차버린 우주 쓰레기의 위험성도 짚어봤다. 대전에 있는 한국천문연구원에는 우주위험감시센터가 가동되고 있다. 그곳에선 지구에 근접할 수 있는 위험한 소행성과 혜성은 물론, 언제 떨어질지 모를 인공 우주 쓰레기도 감시하고 있다.

2부에서는 21세기를 살아가는 나에 대한 탐구 이야기다. 나는 30억 쌍의 DNA, 2만 개의 유전자를 모두 세 차례나 '해독'을 당해봤다. 2003년 인간 게놈 프로젝트 완성 이후 15~16년. 이제는 한국에서도 대학병원이나 민간 유전공학 기업에서 DNA 분석 서비스를 시작했다. 아직은 규제 때문에 제한된 종류의 검사만 가능하지만, 경주 최가인 나의 DNA가 '한국 47.89퍼센트, 중국 26.97퍼센트, 일본 25.14퍼센트'라는 정체성을 가지고 있다는 사실은 충격이었다. 유전자 검사 종류는 시간이 갈수록 늘어날 전망이다.

3부에서는 기후 위기 등 지구환경에 관한 과학 이야기를 담았다. 해가 갈수록 더워지는 여름의 원인은 우리가 타고 다니는 자동차, 집 안의 난방, 먹는 축산물 등에서 시작된다. 세계 각국은 이제 더 이상 지구온난화라는 말을 쓰지 않는다. 대신 기후 위기라고 표현한다. 자칫 호모사피엔스 인류의 멸종 위기로까지 번질지 모르는 절체절명의 위기 앞에 인류는 탄소를 버리고 수소를 찾기 시작했다.

한국뿐 아니라 세계 주요 선진국들은 이제 미국의 문명 비평가 제러미 리프킨이 역설한 '수소경제'를 향해 달려가고 있다. 수소연료전지로 자동차를 움직이는 건 이미 시작됐다. 앞으로 30년 뒤, 한 세대가 흐르면 수소핵융합을 통해 전기를 만드는 시대가 올 것이다. 나는 프랑스 남부 카다라슈에서 진행 중인 국제핵융합실험로(ITER) 공사 현장을 직접 찾아간 적이 있다. 그때 만난 ITER 사무총장 이경수 박사는 어느새 고국으로 돌아와 2021년 12월 현재 과학기술정보통신부에서 차관급 직책인 과학기술혁신본부장을 맡고 있다. 이렇게 지구촌 위기 극복 앞에서 21세기 대한민국은 톡톡히 한몫해내고 있다.

2021년 12월 오미크론 변종까지 등장한 호모사피엔스의 최대 위기, 코로나19 팬데믹의 한가운데서 두려움을 넘어 앎의 영역으로 인도할 과학 보따리를 풀어낸다. 모쪼록 이 책이 미래가 궁금하고, 과학과 친해지고 싶으나 두려운 당신에게 미력이나마 도움이 되기를 바란다.

차례

1부

위대한 탐험이 시작된다

우주와 천체에 관한 과학

2부
인간의 한계에 도전하다

생물다양성과 AI에 관한 과학

3부 지구 위기를 생각한다

지구환경에 관한 과학

우주와 천체에 관한 과학

1부

위대한 탐험이 시작된다

/ 들어가며 /

달과 화성으로 달려가는 호모사피엔스

백발의 교수가 칠판에 무언가를 그리며 설명한다. 고깔모자를 쓴 학자들이 강의를 듣고 흥분하더니 여행복으로 갈아입기 시작한다. 장면이 바뀌고, 철공소 사람들이 미니버스만 한 포탄 모양의 무언가를 만든다. 다시 장면 전환, 여행복으로 갈아입은 사람들이 포탄 안에 들어가고, 그 포탄은 사람 키 두 배에 달하는 크고 긴 대포에 장착된다. 펑~ 소리와 함께 포탄이 발사돼 날아가더니 잠시 뒤 달님의 눈에 '퍽' 박힌다. 기괴한 암석으로 둘러싸인 달 표면에 도착한 포탄에서 여섯 명의 신사가 내린다. 지평선 너머로 지구가 나타났다가 꼬리를 단 혜성이 지나가고 별님이 총총…. 구경을 마친 신사들은 다시 포탄을 타고 벼랑에서 떨어지듯 달나라를 떠난다. 풍덩~. 포탄은 바다에 떨어지는 방식으로 지구 귀환에 성공한다.

프랑스의 영화제작자 조르주 멜리에스(Georges Méliès, 1861~1938)가 1902년 만든 흑백 무성영화 〈달세계 여행〉이다. 쥘 베른(Jules Verne, 1828~1905)의 소설 『지구에서 달까지』를 각색해서 만든 최초의 공상과학(SF) 영화다.

그리고 반세기가 훌쩍 지난 1969년 7월 16일 오후 1시 32분. 미국 플로리다주에 있는 케네디우주센터 39A 발사대에 높이 110.6미터(m)의 새턴 5호(Saturn V) 3단 로켓이 불을 뿜는다. 로켓 최상단부에는 세 명의 우주인을 태운 아폴로 11호가 올랐다. 목적지는 베른의 소설과 같은 달이다. 4일 뒤인 7월 20일 오후 8시 17분. 아폴로 11호의 달 착륙선이 달 표면 '고요의 바다'에 착륙한다. 닐 암스트롱 선장이 인류 최초로 달 표면에 발을 내디딘다. 100년 전 소설, 반세기 전 영화 속 상상이 현실로 구현되는 순간이다. 포탄을 타고 달을 향해 떠나는 것이나, 바다에 빠지는 방식으로 지구로 돌아오는 것이나 영화와 소설을 빼다 박았다.

결핍에서 욕망, 상상, 과학기술로

'SF는 과학기술의 아버지'라고 하면 틀린 말일까. 인류 문명의

영화 〈달세계 여행〉의 한 장면. 조르주 멜리에스 감독의 1902년 작 흑백 무성영화다.

이기는 모두 상상에서 시작했다. 결핍이 욕망을, 그 욕망이 다시 상상을. 상상은 결국 과학기술을 낳았다. 그 상상이 언어와 영상으로 구체화된 게 SF다. 새를 보며 '나도 자유롭게 하늘을 날고 싶다'는 욕망이 비행기를 낳았다. 옥토끼가 산다는 달에도 가보고 싶다는 욕망이 달 탐사까지 이어졌다. SF를 직역하면 '과학소설'이지만 한국 사회에서는 흔히 '공상과학'으로 번역한다. 공상(空想)의 사전적 의미는 '현실적이지 못하거나 실현될 가망이 없는 것을 막연히 그리어 봄 또는 그런 생각'이다. 현재 과학기술로는 터무니없는 상상 속 과학이라는 얘기지만, 과학기술은 그렇게 괴짜 같은 터무니없는 상상에서 시작하는 법이다.

SF가 많은 세상이 과학기술의 선진국이다. SF소설과 SF영화가

영화가 현실이 됐다. 1969년 7월 20일 아폴로 11호의 역사적인 달 도착 장면이다.

유럽을 거쳐 미국에서 꽃을 피운 이유다. 오늘날 우주 쓰레기를 걱정할 정도로 크게 늘린 인공위성 역시 SF에서 시작했다. 영국 태생 SF작가 아서 클라크(Arthur Clarke, 1917~2008)는 1945년 영국 잡지 《와이어리스 월드(Wireless World)》에 '행성 밖에서 중계하는 방송'에 대한 논문을 발표했다. 논문에는 지구 밖에 정지한 채 국가 간 통신을 전달해주는 위성에 대한 아이디어가 포함됐다. 인류 최초 인공위성 스푸트니크(Sputnik) 1호가 지구 상공 577킬로미터(km) 궤도를 돈 건 그로부터 12년 뒤인 1957년. 클라크의 상상처럼 행성 밖 중계위성 역할을 하는 정지궤도용 통신위성이 처음으로 발사된 것은 그로부터 다시 6년 뒤인 1963년이다. 클라크의 공상이 20년 만에 현실이 된 것이다.

미래에 대한 두려움, 절망, 희망 뒤섞인 21세기

SF는 구현된 과학기술을 바탕으로 한 걸음 더 진화해간다. 미국 항공우주국(NASA)이 아폴로 계획을 한창 진행 중이던 1968년 영화 감독 스탠리 큐브릭(Stanley Kubrick, 1928~1999)은 SF영화의 원전으로 불리는 〈2001: 스페이스 오디세이〉를 완성한다. 목성으로 향하는 우주선 디스커버리호가 등장하고, 긴 여행을 위해 동면에 들어간 과학자, 사람처럼 말을 하는 인공지능 컴퓨터 'HAL9000'이 탄생하는 순간이다. 인류가 구현할 수 있는 우주선의 속도와 지구-목성 간 거리를 계산해 '동면 여행'이라는 상상 속 해법을 제시한다. IBM이 한참 컴퓨터를 진화시키던 현실을 바탕으로 인공지능을 상상한다. 영화 속 인공지능의 이름 'HAL'은 IBM에 대한 일종의 오마주다. 'IBM' 알파벳 세 개를 각각 하나씩 당겨보면 HAL이 된다.

21세기 SF는 이미 과학기술의 특이점(Singularity)을 넘어서고 있다. 그 속엔 끝 모를 과학기술과 인류 문명의 미래에 대한 두려움, 희망, 절망이 뒤섞여 있다. 영화 〈인터스텔라〉는 블랙홀과 4차원 우주를 떠도는 인류의 이야기를 그렸다. 〈아일랜드〉는 사람들에게 장기와 신체 부위를 제공하는 목적으로 태어나 살아가는 복제인간의 세계를 그렸다. 〈컨택트〉처럼 지구를 찾은 외계인의 얘기는 셀 수 없을 정도로 다양하게 상상의 날개를 편다. 넷플릭스의 〈블랙미러〉는 시리즈를 통해 미디어와 정보기술 발달이 인간의 윤리관을 앞서나갔을 때의 다양한 부정적인 면을 다루고 있다.

과학적 상상력보다 윤리적 상상력이 요구되는 시대

오늘날 우리가 누리고 있는 상당수 과학기술이 SF의 상상력에서 비롯됐다는 사실은 부인하기 힘들다. 당대의 과학자들이 불가능하다고 여기는 일도 SF작가들은 마음껏 상상의 날개를 폈고, 그것이 다시 미래의 과학기술자를 낳았다. 20세기는 과학이 가져다줄 미래에 대한 낙관적 전망이 지배적이었지만, 사실 성찰이 결여된 시대였다고 할 수 있다. 21세기에 접어든 지금은 과학적 상상력보다 윤리적 상상력이 요구되는 시대이며, 과학기술에 대한 성찰이 가장 활발하게 이루어지고 있는 분야가 바로 SF다.[1]

마침 한국도 국제 유인 달 탐사 계획인 아르테미스 프로젝트에 참여하는 등 늦깎이로 우주시대를 선언했다. 지난 2021년 10월 순수 한국 기술로 만든 저궤도 실용위성 발사용 로켓 누리호가 처음 발사됐다. 마지막 3단계에서 엔진이 조기 연소 종료하면서, 목표인 고도 700킬로미터 지구 궤도에 더미 위성(실제 기능을 지닌 위성이 아닌 위성 모사체)을 올려놓는 데는 실패했다. 하지만 추력 75톤(t) 액체 로켓 엔진 네 개를 묶은 1단과 75톤 하나를 단 2단이 아무런 문제 없이 우주로 치솟는 모습에 전 국민이 열광했다.

우연의 일치일까. SF영화의 불모지나 다름없던 한국에 최근 선진국과 경쟁해도 어색하지 않은 SF영화들이 등장하기 시작했다. 병든 지구와 우주 궤도의 새로운 보금자리, 우주 쓰레기 청소부 얘기를 그린 〈승리호〉, 줄기세포 복제와 유전자 조작을 통해 만들어진 실험체 인간의 얘기를 그린 〈서복〉이 대표적이다. 가히 SF의 시대다.

달은 식민지 아닌 인류의 공간

우주시대 맞이하는 지구촌

21세기 달은 더 이상 옥토끼의 마을도, 닐 암스트롱이 첫발을 디뎠다는 반세기 전 그 땅도 아니다. 암스트롱의 나라 미국은 2024년 방문이 아닌 거주를 위해 다시 달을 찾는다. 이번에는 미국 혼자가 아니다. 유럽, 일본, 호주, 캐나다, 이탈리아, 영국 등 우방국들도 함께한다. 한국도 연착이지만 이 프로젝트에 참여한다.

프로젝트 이름은 '아르테미스'. 그리스 신화 속 사냥과 달의 여신 이름이다. 반세기 전 달 탐사 프로젝트 이름이 제우스의 아들 '아폴로'였다는 점에서 2024년 프로젝트 이름은 상징적이다. NASA는 반세기 만에 달 탐사에 나서는 프로젝트 이름을 고민하다 아폴로의 쌍둥이 누이 아르테미스를 선택했다. 아르테미스라는 이름에 어울리게 첫 유인 달 탐사 우주인으로 여성을 보내기로 했다.

달 착륙 50주년, 이번 목표는 정착

반세기 전 이미 달을 정복했는데 왜 또 달이느냐고 물을 수 있지만, 이번엔 다르다. 아폴로 계획이 소련과의 우주 경쟁에서 누가 먼저 달에 다녀오느냐가 관건이었다면, 아르테미스 프로젝트의 최종 목적은 달에 인류가 머무르는 것이다. 아르테미스 프로젝트 1단계는 달에 인류를 다시 보내는 것이지만, 2단계는 2028년까지 달에 인류가 머무를 수 있는 기지를 건설하는 것이다. 기지가 들어설 곳은 달 남극. 지금껏 누구도 가보지 못한 이곳은 얼음이 발견돼 달 기지 건설을 위한 유력한 후보지로 꼽힌다. NASA는 달 남극 얼음을 이용해 지구에서 공급하지 않고 물과 산소, 에너지를 모두 자체 해결하겠다는 야심 찬 계획을 세우고 있다.

마이크 펜스 전 미국 부통령은 2018년 8월 텍사스주 휴스턴에 있는 NASA 존슨우주센터를 방문해 달에 사람을 상주시킬 것이라 공언한 바 있다. "우리는 달에 발자국을 남기고 떠나는 것에 만족하지 않는다. 달과 그 주위에 영구적으로 사람이 머무르도록 하겠다."

그가 말한 '달에 사람을 상주시키는 것'은 두 가지 의미로 해석할 수 있다. 아르테미스 프로젝트 핵심인 달 표면에 기지를 건설하고 인류가 상주하는 것이 하나이고, 달 궤도를 도는 우주정거장을 건설하는 것이 다른 하나다. 이 프로젝트의 공식 명칭은 '달 궤도 우주정거장'(LOP-G, Lunar Orbital Platform-Gateway)이다. 미국 정부는 2018년 초 이를 위해 5억 달러를 투자하기로 결정한 바 있다. 2022년 달 궤도 우주정거장 공사를 시작해

NASA가 구상 중인 달 궤도 우주정거장. 2022년 공사를 시작해 2033년까지 순차적으로 규모를 확대해나갈 예정이다.

2033년까지 순차적으로 규모를 확대해나갈 예정이다.

게이트웨이라는 이름에서도 알 수 있듯, 미국은 달 궤도 우주정거장을 달 탐사뿐 아니라 NASA가 계획 중인 화성 유인 탐사선 '딥 스페이스 트랜스포트'(Deep Space Transport)를 위한 중간 기점으로도 이용할 예정이다. 화성 탐사를 할 때는 중력이 약한 달 궤도 우주정거장을 거쳐 가는 것이 지구에서 곧바로 화성을 향해 가는 것보다 비용이나 기술 측면에서 부담이 훨씬 더 적기 때문이다.[2] 게이트웨이 프로젝트는 아르테미스 프로젝트의 일환이기도 하다.

달 세상의 법과 제도를 고민하는 지구인들

2019년 발표한 NASA의 첫 계획에 따르면 미국은 2020년 아르테미스 1호를 발사해 달 궤도 무인 비행을 하고, 2022년 2호로 우주인을 싣고 달 궤도 비행을 한 뒤 2024년 아르테미스 3호로 유인 달 착륙까지 마칠 예정이었다. 하지만 2019년 말 중국에서 시작된 코로나19가 전 세계적으로 대유행하면서, 아르테미스 프로젝트와 게이트웨이 프로젝트 모두 차질을 빚고 있다. 전체 일정이 최소 1~2년 이상 지연되는 것이 불가피한 실정이다.

세계 각국 우주 기업과 과학자가 모여 달과 화성 탐사 등 우주개발을 논의해온 세계 최대 규모의 우주 행사인 국제우주대회(IAC)도 예외가 아니었다. 2020년 10월 두바이에서 열리기로 했던 국제우주대회는 1950년 파리에서 열린 첫 대회 이후 사상 처음으로 온라인으로 치러졌다.

나는 2019년 10월 워싱턴 D.C.에서 열린 국제우주대회를 취재차 참관한 적이 있다. 인류의 달 탐사 재도전 움직임을 확인할 수 있는 자리였다. 행사장 입구에는 NASA의 '스페이스 론치 시스템'(SLS, Space Launch System) 로켓 사진과 블루오리진의 달 착륙선 블루문 모형이 양쪽으로 장식돼 있었다. NASA가 달 착륙선 개발과 관련해 우주개발 회사 스페이스엑스를 유일한 사업자로 허가하면서 기업과 정부 간 소송이 제기되기도 했다. 아르테미스 프로젝트의 유력한 참여 기업이던 블루오리진이 자사를 제외한 것을 문제 삼은 것이다.

2019년 국제우주대회가 더욱 특별했던 이유는 인류가 처음 달을 찾은 지 반세기가 흘렀고, 국제우주대회가 고희를 맞은 해였기 때문이다. 행사 타이틀은 '우주: 과거의 힘, 미래의 약속'(Space: The Power of the Past, the Promise of the Future)으로 삼았다.

> "문 빌리지(Moon Village)는 특정 국가의 전유물이 아닌 인류 전체의 공간이 돼야 합니다. 달 기지의 식민지화에 반대합니다."

“이제는 달 기지 건설을 위한 기술 관련 기업뿐 아니라 세계가 함께 살기 위한 법과 제도 마련을 위한 준비도 해야 합니다.”

대회 첫날 행사로 ‘진화하는 아폴로: 유인 우주 탐사의 다음 50년’이란 주제로 우주 전문가들의 좌담회가 열렸다. 이 자리에서 미국을 대표하는 우주항공 기업 록히드마틴의 리사 캘러헌 부사장과 우주장비 회사 나노랙스의 제프리 맨버 최고경영자, 유럽우주국(ESA)의 얀 뵈르너 국장 등이 열띤 토론을 벌였다.

이들이 얘기하는 달과 우주는 더 이상 상상의 세계가 아닌 현실 속 정책의 공간이었다. 열강이 지구 곳곳을 식민지화하고 파괴한 것처럼 달이나 화성을 그렇게 만들어선 안 된다는 데 모두 동의했다. ‘뉴 스페이스’(New Space)라는 말로 대표되는 민간 기업이 개발을 주도하는 우주시대가 활짝 열리고 있지만, 달나라 건설에는 정부와 공공기관의 역할도 중요하다는 데 공감한 것이다. ‘올드 스페이스’(Old Space)의 주역인 정부가 우주정거장과 같은 인프라를 구축하고 그 위에 민간 기업이 꽃을 피울 수 있도록 생태계를 조성해야 한다. 그런 면에서 앞으로 각국 우주청의 역할과 국가 간 협업이 훨씬 더 중요해질 것이다.

21세기에는 우주 탐사를 위한 국가 간 협업이 절대적으로 필요하다.[3] 달이나 화성 탐사는 어느 한 국가가 도맡기엔 버거운 대규모 프로젝트이기도 하지만, 정권에 따라 우주 정책이 춤추

유럽우주국은 2030년 무렵 달 표면에 거주 기지 '문 빌리지'를 건설하기로 했다.

면 오랜 시간이 걸리는 우주 프로젝트를 제대로 이어갈 수 없기 때문이다. 그러나 2019년 국제우주대회를 유치한 미국의 입장에는 약간의 온도 차가 있었다. 당시 개회식에 참석한 펜스 전 부통령은 글로벌 우주 탐사에서 미국의 리더십을 강조했다. 그는 "미국이 우주를 이끌 것이지만, 자유를 사랑하는 국가라면 우주 탐사를 위한 협력을 요청하겠다"고 말했다.

탐험을 넘어 산업이 된 우주

2019년 국제우주대회의 또 다른 모습은 민간 기업이 꽃피우고 있는 '우주 경제'다. 전시장 내에는 보잉, 록히드마틴, 에어버스, 아리안스페이스 등 전통과 규모를 자랑하는 기존 우주 기업뿐 아니라 새로운 우주 서비스와 시장을 창출하는 다양한 기업들이 전시 부스를 열었다.

캐나다 회사 스페이스 플라이트 래버러토리(SFL)는 온실가스 배출을 감시하는 상업 군집 위성을 제작, 발사하는 곳이다. 미국 플로리다주에 본사가 있는 L3해리스테크놀러지는 우주망원경을 내세운다. 허블 우주망원경, 찬드라 X선망원경, 제임스웹 우주망원경 등에 들어가는 부품을 공급한다. 일본에 본사를 둔 4년 차 스타트업 애스트로스케일은 우주 청소부를 자처한다. 전자석을 이용해 저궤도를 떠돌고 있는 우주 쓰레기를 흡착, 제거하는 위성을 만들어 쏘아 올린다.

뉴멕시코주에 있는 우주 공항 스페이스포트 아메리카는 이처럼 새롭게 생겨나는 수많은 우주 기업이 이용할 수 있는 인프라 시설이다. 지구 상공 100킬로미터의 준궤도 우주여행 상품을 준비하고 있는 버진갤럭틱을 비롯해 일곱 개 우주 기업이 임차인 형태로 입주한 상태다. 2006년 개항 이래 지금껏 총 300차례 이상 발사 서비스를 해왔고, 우주 공항 투어와 교육 등 다양한 프로그램도 운영하고 있다.

한국도 한국항공우주연구원이 전시장 입구 쪽에 대형 부스를 설치해 자체 진행하고 있는 중대형 인공위성과 한국형 발사체(KSLV-2) 제작을 홍보했다. 그뿐 아니라 소형 인공위성을 제작, 수출하는 국내 유일의 민간 기업 쎄트렉아이, KAIST 학부생이 창업한 소형 로켓 제작 회사 페리지에어로스페이스, 위성 사진 분석 등의 서비스를 하는 인스페이스 등 10여 개 회사가 항공우주연구원의 부스 안에 셋방을 차렸다. 페리지에어로스페이스는 찾아오는 외국 손님들을 상대로 개발 중인 추력 2.5톤의 소형 로켓에 관해 설명했다. 쎄트렉아이는 인공위성 제작을 의뢰하려는 외국 고객들과 회의를 계속했는데, 누적된 해외 주문 물량 규모가 1천억 원을 넘어섰다고 한다.

모건스탠리에 따르면 세계 민간 우주산업 시장은 2024년 1조 1천억 달러로 2017년보다 세 배 가까이 성장할 것으로 전망된

○ 주요국의 우주개발 관련 민간 기업 수 ○

국가	기업 수
미국	5582개
영국	615개
캐나다	480개
독일	402개
인도	368개
중국	288개
일본	184개
한국	61개

주: 2020년 기준

다. 우주 탐사와 여기에서 파생돼 급성장한 우주 경제는 이미 거부할 수 없는 시대적 흐름으로 자리 잡고 있다.[4] 국제우주대회는 세계 주요국들이 안으로는 자국 우주청을 통해 관련 산업을 육성하고 밖으로는 각국 우주청 간 협의를 통해 글로벌 우주 프로젝트에 참여하고 있다는 사실을 보여준다.

달을 향해 몰려가는 우주 강국들

아르테미스 프로젝트는 미국이 주도하는 유인 달 탐사 계획이다. 하지만 달에 대한 도전에 나선 건 미국뿐이 아니다. 아르테미스 프로젝트와는 별도로 중국, 일본 등 기존 우주 강국들도 달을 향해 경쟁적으로 몰려가고 있다.

중국은 2003년 달 탐사를 위한 창어(嫦娥) 프로젝트를 시작했다. 창어는 중국 신화에 나오는 달의 여신에서 따온 이름이다. 2007년 10월 쓰촨성 시창 위성발사센터에서 중국 최초의 무인 달 탐사선 창어 1호가 창정(長征) 3A 로켓에 실려 발사됐다. 창어 1호의 임무는 달 궤도를 돌면서 추후 탐사선 착륙을 위한 달 전체의 3D 지도를 만드는 것이었다. 이후 2010년 10월 창어 2호가 지도 작성 임무를 이어받았다.

2013년 12월에는 중국의 달 탐사 위성 창어 3호가 달의 앞면 '비의 바다'에 착륙했다. 달에 지구의 우주선이 착륙한 건 1976

년 소련의 루나(Luna) 24호 이래 37년 만이었다. 중국이 미국과 러시아에 이은 세 번째 달 착륙 국가가 된 것이다. 당시 창어 3호는 달 탐사 차량인 '옥토끼'(玉兎)를 달 표면에 내려놓고 탐사에 들어갔다.

이후 중국은 2018년 4월 베이징에서 열린 '달 탐사 2018 공작회'에서 한 단계 높은 달 탐사 계획을 발표했다. 인류 최초로 달 뒷면에 탐사선을 착륙시킨다는 내용이었다. 그해 12월 지구를 떠난 창어 4호는 한 달 뒤인 2019년 1월, 달의 남극 에이켄트 분지의 본 카르만 크레이터에 착륙하는 데 성공했다. 미국이 아폴로 11호로 인류 최초의 달 착륙에 성공한 지 50년 만에 미국이 가지 못한 달 뒷면에 첫발을 내디딘 것이다.

달은 공전주기와 자전주기가 같으므로 항상 앞면을 지구로 향하고 있다. 이 때문에 지구에서 보이지 않는 달 뒷면에서는 지구와의 교신이 끊겨 탐사선을 통제할 수 없다. 중국은 달 궤도를 도는 통신 중계위성 '췌차오'(鵲橋, 오작교)를 이용해 이 문제를 풀었다. 달 착륙선이 보내온 전파를 중계위성이 받아 지구로 전달하는 형태다. 당시 중국중앙TV(CCTV)는 "이번 임무는 인류에 의한 첫 달 뒷면 착륙이자 최초로 달 뒷면과 지구 간 통신이 이뤄진 것으로, 인류 달 탐사에 새로운 장을 열었다"고 평가했다.

2020년 12월에는 창어 5호가 달에서 채집한 표본을 가지고

2018년 5월 중국 쓰촨성 시창 위성 발사센터에서 중계위성 췌차오를 실은 로켓이 발사되고 있다.

지구로 귀환했다. 인류가 달의 토양을 가져온 건 미국 아폴로와 소련 루나 이후 40여 년 만에 처음이었다. 중국은 앞으로 독자 기술을 통한 달 유인 기지 건설과 화성 탐사를 우주 굴기의 목표로 삼고 있다.

일본도 우주 탐사 분야 강국이다. 일본은 1990년 1월 아시아 최초의 달 탐사 과학 위성 히텐(Hiten)을 달 궤도로 보낸 바 있다. 2007년 9월에는 일본의 본격적인 달 탐사 무인 위성 가구야(Kaguya)를 실은 H2A 로켓 13호가 다네가시마(種子島) 우주센터에서 발사됐다. 일본우주항공연구개발기구(JAXA)는 2030

년까지 달에 유인 탐사선을 보내기 위한 계획을 추진 중이다.

인도 역시 달 탐사 경쟁을 벌이고 있는 대표적 국가다. 인도는 2008년 10월 첫 무인 달 탐사 위성 찬드리안(Chandrayaan) 1호를 발사해 312일간 달 궤도를 돌면서 가시광선과 적외선, 엑스선 등을 통한 원격 탐사를 실시했다. 2019년 7월에는 달 착륙선까지 갖춘 찬드리안 2호가 발사됐지만 착륙에 실패했다. 인도는 조만간 찬드리안 3호를 보내 무인 달 탐사에 재도전한다는 계획을 세우고 있다. 달의 미개척 땅이며, 얼음 형태의 물이 있어 향후 유인 달 기지 건설의 최적지로 꼽히는 남극에 착륙하는 것이 목표다. 이를 위해 찬드리안 3호 역시 2호와 같은 착륙선, 탐사선 등으로 꾸며질 예정이다. 인도가 달 착륙에 성공한다면 러시아, 미국, 중국에 이어 네 번째 국가가 된다.

21세기에 달 탐사는 더 깊은 우주를 향한 전진 기지뿐 아니라 자원 확보 차원에서도 의미가 크다.[5] 향후 10~20년간 달 탐사와 우주개발을 둘러싼 국가 간 경쟁이 치열할 것으로 보인다.

우주는 비즈니스 이전에 어릴 적 꿈

우주개발 경쟁

2021년은 민간 우주여행시대의 기원을 연 해라고 할 수 있다. 영국 버진그룹 회장 리처드 브랜슨과 미국 아마존 창업자 제프 베이조스가 각자의 우주선을 타고 첫 우주여행에 나서며 경쟁을 벌였다. 테슬라의 창업자 일론 머스크도 자신의 우주개발 회사 스페이스엑스의 우주선에 민간인을 태워 처음으로 지구 궤도를 돌았다.

현실 속 아이언맨들의 우주개발 경쟁

첫 테이프는 우주개발 회사 버진갤럭틱을 이끄는 브랜슨이 끊었다. 그는 지난 7월 11일 미국 뉴멕시코주 라스크루서스 인근에 들어선 민간 우주 공항 스페이스포트 아메리카에서 모선 VMS이브(VMS Eve)에 매달린 우주비행선 VSS유니티(VSS Unity)를 타고 활주로를 이륙했다. 이어 고도 15킬로미터에서 모선에서 분리돼, 최대 마하(M) 3의 속도로 고도 88.5킬로미터의 우주 경계선까지 올라가 미세중력을 경험하고 둥근 지구의 모습을 감상한 뒤 우주 공항으로 돌아왔다.

그는 총 90분간의 여행에서 3분간 무중력을 경험했다. 이날 여행은 유튜브와 버진갤럭틱 홈페이지에서 생중계됐다. VSS유니티가 우주 경계선에 이르자 브랜슨은 안전벨트를 풀고 처음

리처드 브랜슨이 버진갤럭틱의 우주비행선 VSS유니티에 올라 첫 우주여행을 경험했다.

가본 무중력의 우주를 만끽했다. 화면 속 브랜슨은 공중을 떠다니며 비행선에 난 열두 개의 창문을 통해 우주를 내다보기도 하고, 환호성을 지르기도 했다.

"모든 것이 그저 마법 같았다. 아직도 우주에 있는 느낌이다."

지상에 돌아온 브랜슨은 첫 우주여행을 축하하는 지인들에게 이렇게 감회를 털어놨다.

9일 뒤 7월 20일에는 베이조스가 자신이 세운 우주개발 회사 블루오리진의 우주 발사체 뉴셰퍼드(New Shepard)를 타고 우주여행에 나섰다. 베이조스는 첫 우주여행 타이틀을 경쟁자 브랜슨에게 빼앗겼지만, 국제항공연맹(FAI)이 인정하는 공식 우주 경계선인 카르만라인(Karman Line, 고도 100킬로미터)을 넘은 것에 의미를 부여했다. 베이조스 일행은 약 106킬로미터 고도까지 탐험한 뒤 유인 캡슐 안에서 약 3~4분간 무중력을 체험했다. 이후 캡슐은 지구로 자유 낙하했고, 감속을 담당하는 세 개의 커다란 낙하산이 펼쳐진 뒤 최종 단계에서 역추진 로켓이 분사되면서 지상으로 복귀했다.

마침 7월 20일은 아폴로 11호의 닐 암스트롱과 버즈 올드린이 1969년 인류 최초로 달에 착륙한 지 52주년이 되는 날이었다. 블루오리진의 우주 발사체 뉴셰퍼드는 미국인 최초로 우주비행에 성공한 앨런 셰퍼드의 이름에서 따온 것이다. 외신들은 이에 대해 "걸음마 단계인 우주 관광산업에서 또 다른 중요한

제프 베이조스가 우주 관광을 성공적으로 마치고 뉴셰퍼드에서 내리고 있다.

순간", "우주 관광산업의 중요한 이정표가 될 것" 등의 평을 내놓았다.

9월 15일에는 머스크의 스페이스엑스가 민간 우주여행시대를 알렸다. 이번엔 블루오리진, 버진갤럭틱과는 차원이 달랐다. 기업인과 의사, 교수, 엔지니어로 구성된 민간인 네 명은 팰컨9(Falcon 9) 로켓에 실린 크루드래곤(Crew Dragon) 우주 캡슐을 타고 고도 570킬로미터 상공의 지구 저궤도를 음속의 22배인 시속 2만7359킬로미터로 3일간 돌았다. 570킬로미터 고도는 국제우주정거장(ISS, 408킬로미터)이나 허블 우주망원경(559킬로

스페이스엑스가 마련한 '인스퍼레이션 4' 우주 관광에는 민간인 네 명이 참여했다.

미터)보다 훨씬 높은 고도다. 이에 비하면 버진갤럭틱과 블루오리진은 우주 경계선인 고도 100킬로미터 카르만라인 아래위를 탄도 비행하듯 잠시 다녀온 정도였다.

하지만 비용 측면을 보자면, 아직 민간 우주여행시대가 활짝 열렸다고 단정하긴 어렵다. 스페이스엑스의 민간 우주여행객 네 명이 지불한 3일간의 우주 관광 비용은 총 2억 달러(약 2300억 원)에 달한다. 여행 전 6개월간 받은 우주비행사 훈련도 일종의 별도 시간 비용이라 할 수 있다. 버진갤럭틱은 티켓값이 약 25만 달러(약 2억9천만 원)였고, 블루오리진은 경매 방식으로 티켓을 판매한 결과 2800만 달러(약 327억5천만 원)에 낙찰됐다.

왜 고작 100킬로미터 상공일까

브랜슨의 버진갤럭틱과 베이조스의 블루오리진의 우주여행 목적지는 왜 고도 100킬로미터 부근일까. 한국 최초 우주인으로 불리는 이소연 박사가 2008년 다녀온 국제우주정거장만 해도 고도 400킬로미터 이상의 지구 저궤도를 돌고 있다는 점을 생각한다면, 100킬로미터는 너무 낮은 곳이 아닐까.

우선 지구 상공 100킬로미터는 국제항공연맹이 우주 경계선으로 정의한 카르만라인이 있는 곳이다. 미국 물리학자 시어도어 폰 카르만(Theodore von Karman, 1881~1963)의 이름에서 따왔다. 카르만은 지구와 우주를 나누는 기준으로 양력을 꼽았다. 양력의 도움 없이 물체의 관성만으로 비행할 수 있는 공간을 우주의 시작이라 판단했다. 그게 고도 100킬로미터라는 계산이다.

그러나 미국 우주과학계의 입장은 조금 차이가 있다. 하버드-스미스소니언 천체물리학센터 천체물리학자 조너선 맥도웰(Jonathan McDowell)은 2018년 카르만라인을 고도 80킬로미터로 바꿔야 한다는 연구 결과를 발표했다. 수학적 모델링 결과, 인공위성이 궤도를 유지할 수 있는 최소 고도가 70~90킬로

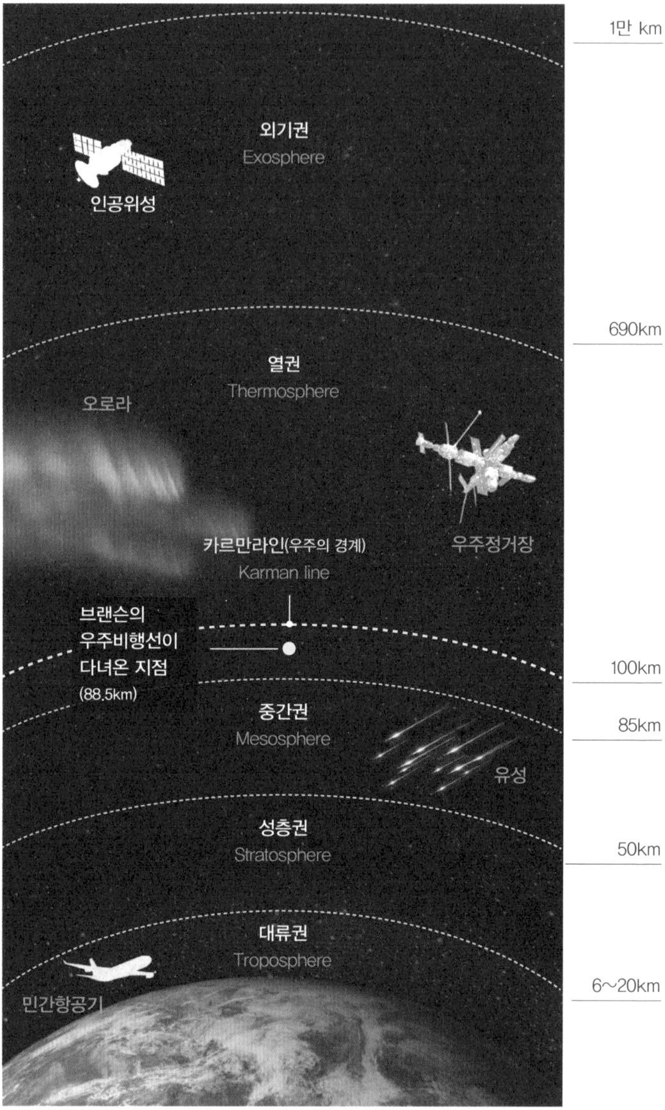

우주 경계선인 카르만라인. 대기권은 특성에 따라 지표면에서부터 대류권, 성층권, 중간권, 열권, 외기권의 다섯 층으로 나눌 수 있다.

미터로 나타났다는 것이다. 우주 방사선이 영향을 미치는 공간 역시 이 언저리부터 시작된다고 했다.

NASA와 미 공군은 고도 80킬로미터 이상을 비행한 사람을 우주비행사로 인정하고 있다. 브랜슨이 첫 우주 비행에서 88.5킬로미터까지 올라간 이유가 바로 여기에 있다. 이에 대해 베이조스의 블루오리진은 고도 100킬로미터의 카르만라인까지 도달하는 우주여행을 고수하며, 버진갤럭틱의 우주여행은 낮은 고도 때문에 진짜 우주 관광으로 보기 어렵다는 주장을 내놓는다.

그럼 200~300킬로미터 혹은 400킬로미터 높이의 우주정거장까지 우주여행은 왜 안 될까. 안전과 비용을 모두 고려할 때 부적합하다는 게 전문가들의 분석이다. 지구의 중력을 벗어나 더 높이 올라가려면, 더 빠른 속도의 로켓을 이용해야 한다.

문제는 중력가속도에 따른 압력(G, Gravity)이다. 통상 우주비행사는 최대 7G의 중력가속도를 받는다. 자기 몸무게의 일곱 배에 달하는 힘을 견뎌내야 한다는 얘기다. 이 때문에 우주정거장 이상을 다녀오는 우주비행사는 인간이 버틸 수 있는 최대 한계치인 12G를 버티기 위한 훈련을 1년에 2회씩 받는다. 중력가속도가 높아지면 피가 급격히 하체로 쏠려 정신을 잃게 된다. 우주여행 상품을 경험하고 싶은 일반인은 접근하기 힘든 영역이다.

실제로 버진갤럭틱의 우주여행 상품을 경험하는 사람들은

3일간 형식적 훈련 기간을 거친다. 첫날은 환영 행사, 둘째 날은 '캐빈 데이'(Cabin Day)라 불리는 스페이스십 실내 경험, 셋째 날은 '리허설 데이'(Rehearsal Day)다. 사실상 우주 비행 훈련은 하루뿐인 셈이다. 고도의 훈련을 받지 않은 일반인이 비교적 저렴한 비용으로 둥근 지구의 모습과 무중력을 경험할 수 있는 여행 상품이 고도 100킬로미터 부근인 것이다.[6]

로켓을 이용하는 블루오리진과 스페이스엑스

나는 2018년 6월 블루오리진을 방문한 적이 있다. 블루오리진은 그간 외국, 특히 발사체 개발을 진행 중인 한국 언론의 취재를 허락하지 않았다. NASA에서 이전받은 기술이 유출될 수 있다는 우려 때문이었다.

블루오리진은 시애틀 남쪽 소도시 켄트에 본사와 공장이 함께 있었다. 공장 안으로 들어서니, 블루오리진이 개발 중인 우주 로켓 뉴셰퍼드의 엔진 BE-3와 승객 여섯 명을 태울 캡슐이 나타났다. 캡슐은 고도 100킬로미터 안팎의 상공에서 4분간 머무르다 낙하산을 타고 지구로 귀환한다. 캡슐 안에 들어서니 밖을 내다볼 수 있는 창 아래 누운 자세로 탈 수 있는 의자 여섯 개가 있었다. 최대 몸무게의 3.5배에 달하는 중력을 견디는 방법이라 했다. 의자 아래에는 X자 모양의 충격 흡수장치가 설치

돼 있었다. 캡슐 가운데는 원통 모양의 장치가 있는데 만일의 사태를 대비한 비상 탈출용 로켓 엔진이라 했다.

캡슐 맞은편에는 신형 로켓 엔진 BE-4가 은빛 자태를 뽐내고 있었다. 블루오리진의 차세대 로켓 뉴글렌(New Glenn)에 장착될 엔진이다. 뉴글렌은 또 다른 경쟁사 스페이스엑스의 팰컨 헤비(Falcon Heavy)를 넘어서는 대형 로켓이다. 고도 100킬로미터까지만 올라가는 뉴셰퍼드와는 달리 13톤 화물을 3만5천 킬로미터 상공 정지궤도까지 쏘아 올릴 수 있다. 우주여행은 물론 위성 발사나 화물 운송 서비스까지 염두에 둔 기능이다.

블루오리진은 기술 측면에서 앞서 있다고 평가받는 스페이스엑스를 의식하는 듯했다. 공장에서 만난 한 엔지니어는 화성 탐사에 나선다는 스페이스엑스 계획은 과장이 심하다며 "우리는 스페이스엑스 기술에 뒤처지지 않으면서도 현실적인 목표를 가지고 있다"고 말했다.

일론 머스크가 2002년 세운 스페이스엑스는 본사는 미국 로스앤젤레스 인근 호손에 있지만, 스페이스엑스의 초창기 꿈이 피어난 곳은 태평양 한가운데 있는 마셜제도다. 머스크는 마셜제도의 콰자 레인 환초 오멜렉섬 야자수 사이에 발사장을 만들어 스페이스엑스의 첫 번째 발사체 팰컨 1을 쏘아 올렸다. 애초에는 캘리포니아주 반덴버그 공군기지를 이용할 계획이었으나 미 공군의 타이탄 4(Titan Ⅳ) 로켓 발사 일정에 밀려 발사장을 물색하던 중 마셜제도를 선택했다.

스페이스엑스는 2006년 3월 24일 열대의 찌는 듯한 더위 속에서 첫 발사를 했으나 발사 25초 만에 근처 해상에 추락했다. 터보펌프 속 알루미늄 너트에 균열이 생기면서 폭발한 것이다. 1년 뒤 2차 발사에서는 최고 고도 285킬로미터까지 올라갔으나, 더미 위성을 궤도에 올려놓는 데 실패했다. 우리 한국형 발사체 누리호 첫 발사와 유사한 사례였다. 2008년 8월 다시 3차 발사를 시도했으나 1단과 2단이 분리된 후 충돌, 폭발하면서 세 번째 실패를 맛봐야 했다. 이 때문에 당시 스페이스엑스는 심각한 재정난에 시달려야 했다. 하지만 4차 발사에 간신히 성공하면서 대규모 투자를 유치하고 기사회생할 수 있었다.

이후 스페이스엑스는 비약적 발전을 거듭하고 있다. 2018년 2월에는 플로리다주 케네디우주센터에서 테슬라 전기차를 실은 초대형 로켓 팰컨헤비를 성공적으로 쏘아 올려 세계의 주목을 받았다. 팰컨헤비는 NASA의 달 착륙선을 쏘아 올린 새턴 5호 로켓 이후 가장 큰 로켓이면서 재사용 가능한 로켓이었다. 머스크는 이 팰컨헤비 로켓보다 더 큰 빅팰컨 로켓을 만들어 2024년까지 화성에 유인 탐사선을 보내겠다는 야심 찬 계획을 세우고 있다. 이와 별도로 스페이스엑스는 빅팰컨 로켓을 이용해 지상 300킬로미터 궤도를 타고 지구 반대편 도시까지 한 시간 안에 이동하는 우주 여객 로켓 서비스까지 시작할 것이라고

2017년 밝힌 바 있다.

1만5천 미터 상공에서 발사하는 버진갤럭틱

블루오리진과 스페이스엑스가 지상에서 로켓을 이용해 우주로 올라가는 방식이라면, 버진갤럭틱은 비행기에 실어 지상 1만5천 미터 상공까지 올라간 뒤 공중에서 발사하는 우주왕복선 모양의 로켓을 개발하고 있다.

나는 브랜슨이 VSS유니티를 타고 첫 우주여행을 떠났던 우주 공항 스페이스포트 아메리카를 취재한 적이 있다. 2019년 10월, 워싱턴 D.C.에서 열린 국제우주대회 취재를 마친 뒤 뉴멕시코주 라스크루서스로 이동했다. 눈앞에 끝없이 펼쳐진 사막이 등장했다. 지도를 보니 해발 1400미터의 고산지대였다. 옆으로 2천 미터가 넘는 산맥이 도열하듯 늘어서 있었다. 덤불 사이로 난 도로를 따라 사막으로 들어갔다. 총으로 무장한 사람들이 지키는 검문소를 두 차례 통과하니 성조기와 함께 노란색 뉴멕시코주 깃발이 휘날렸다. 바로 옆엔 날개에 큰 글씨로 '버진'(Virgin)이라 써놓은 흰색 비행체가 있었다. 버진갤럭틱의 우주왕복선 스페이스십의 실물 모형이었다.

스페이스십 실물 모양이 전시된 공항 입구를 지나 외길을 따라 들어가니 영화에서나 볼 법한 거대한 비행접시 모양의 우주 공항 건물이 모습을 드러냈다. 건물 뒤쪽 입구에서 꼭대기까지 경사로로 이어진 통로 '애스트로넛 워크'(Astronaut Walk)를 따라 올라갔더니 우주비행선 조종사들이 대기하는 장소가 나왔다. 유리벽 너머로 우주선 격납고가 내려다보였고, 조종사를 위한 시뮬레이션 장치 등이 놓여 있었다. 그곳은 스페이스십이 모선 화이트나이트(White Knight)와 함께 머무르다가 승객을 싣고 활주로로 나가는 곳이었다. 활주로를 바라보고 있는 공항 건물 앞부분은 우주여행객을 위한 레스토랑과 훈련시설, 통제센터 등으로 구성돼 있었다. 소파와 테이블 등 우주여행객이 대기하면서 차를 마시며 쉬고 식사도 할 수 있는 라운지 공간은 여느 국

뉴멕시코주에 있는 세계 최초 우주 공항 스페이스포트 아메리카. 우주여행객이 대기하는 라운지 공간은 여느 국제공항 시설 못지않았다.

제공항 시설 못지않았다. 통유리창 너머로는 길이 3.7킬로미터에 달하는 활주로가 훤히 내려다보였다.

그곳에서 만난 스페이스포트 아메리카 공항 운영 담당 부사장은 "우주여행이 시작되면 초기 몇 달간은 일주일에 한 번, 이후로는 일주일에 두 번 승객을 태우고 스페이스십이 우주로 올라가게 된다. 인류의 본격적인 우주여행시대가 열리는 것이다"고 말했다. 버진갤럭틱의 우주여행자 중 한국인이 있느냐는 질문에 부사장은 "개인정보 보호 때문에 공개되진 않았지만, 600명의 우주여행 예약자 중엔 한국인도 있을 것으로 추측한다"고 말했다.

붉은 행성 위 5척 탐사선이 떴다

화성 유인 탐사

이쯤 되면 '화성 침공'이다. 미국 NASA의 매리너(Mariner) 4호가 1964년 11월 화성에 근접해 사진을 찍는 데 성공한 뒤 지금까지 총 50차례 가까이 각국 탐사선이 화성을 향해 날아갔다. 하지만 지금처럼 화성의 땅과 하늘이 지구인의 '물건'으로 번잡한 적은 없었다.

NASA 제트추진연구소(JPL)의 화성 탐사 로버 '퍼서비어런스'(Perseverance)가 2021년 1월 19일 화성의 적도 북쪽 예제로(Jezero) 충돌구에 안착하는 데 성공했다(외계 행성의 표면을 돌아다니며 탐사하는 로봇을 '로버'라고 한다. 행성 궤도를 도는 탐사선보다 더 자세하게 탐사할 수 있다). 퍼서비어런스는 앞으로 최소 2년간 화성에서 생명체의 흔적을 찾고, 토양 표본을 수집할 예정이다. NASA 제트추진연구소 마이크 왓킨스 소장은 이날 "이번 착륙 성공이 앞으로 진행될 화성 유인 탐사의 길을 열게 될 것"이라 말했다.

왜 화성 탐사일까

퍼서비어런스는 '붉은 행성' 화성에 홀로 남겨진 고독한 탐사 로버가 아니다. 적도 남쪽 게일(Gale) 충돌구 내부 아이올리스 평원엔 NASA의 또 다른 탐사 로버 큐리오시티(Curiosity)가, 인근 북쪽엔 고정형 탐사선 인사이트(InSight)가 활동 중이다. 생명이 정지한 탐사 로버까지 포함하면 화성은 더 비좁다. 1997년 7월 인류 첫 탐사 로버 소저너(Sojourner)가 화성에 내렸고, 2004년 1월 도착한 첫 쌍둥이 탐사 로버 스피릿(Spirit)과 오퍼튜니티(Opportunity)가 화성 적도 부근에서 활동하다 붉은 먼지를 덮어쓰고 잠들어 있다. 역대 다섯 개의 로버 모두 NASA 제트추진연구소 작품이다.

2021년 1월 19일 미국의 퍼서비어런스가 첫발을 디딘 시각, 화성 상공에는 유럽 탐사선, 인도 망갈리안(Mangalyaan), 중국 톈원(天問) 1호, 아랍에미리트 아말(AI Amal, 희망) 등이 수백 킬

NASA 제트추진연구소는 탐사 로버 퍼서비어런스를 화성에 착륙시켰다.

인도 탐사 궤도선 망갈리안은 톈원 1호와 아말과 함께 화성 상공을 돌고 있다.

아랍에미리트의 화성 탐사 궤도선 아말은 2021년 2월 화성에 도착했다.

로미터에서 수십만 킬로미터 고도의 궤도를 돌고 있었다. 중국과 아랍에미리트의 화성 탐사는 이번이 처음이다. 퍼서비어런스와 함께 2020년 7월 지구를 출발한 중국 톈원 1호와 아랍에미리트 아말은 2021년 2월 10일 화성 상공에 연이어 도착했다.

우선 2021년 2월 화성 하늘에 지구 우주선이 몰려든 이유부터 알아보자. 지구에서 화성으로 갈 수 있는 지름길은 언제나 열려 있는 게 아니다. 태양을 중심으로 지구 바깥쪽에 있는 화성의 공전주기는 지구의 배에 가까운 687일이다. 각자의 공전 궤도에서 지구와 화성이 가장 가까이 만나는 시점이 지구-화성 간 지름길이 열리는 황금 시간이다. 이때 출발해야 6~7개월 이내에 화성에 도착할 수 있다. 지난 2월 화성 하늘이 번잡한 이유다.

왜 화성 탐사일까. 화성은 무인 탐사라도 최소 수조 원이 든다. 그럼에도 세계 주요국이 화성 탐사 경쟁을 벌이는 이유는 무얼까. 달은 이미 탐사한 국가가 있고, 그다음으로 인류가 탐사를 추진하고 있는 행성 중 가장 현실성 있다는 평가를 받는 행성이 지구 바로 옆의 화성이라는 의견이다.[7] 생명체 존재에 대한 과학적 호기심 외에도 국력 과시 등 다양한 이유로 세계 주요국이 화성 탐사에 뛰어들고 있다. 아랍에미리트의 화성 탐사 프로젝트 총괄 책임자 옴란 샤리프는 "아랍에미리트는 석유 시대 이후 미래를 준비하는 지식 기반 경제를 만들고자 한다"

며, 아랍 청년들이 현실에 안주하지 않고 도전 정신을 기를 수 있도록 미래에 대한 꿈과 희망을 심어주기 위한 계기가 필요했다고 말했다.

최소 2년 이상 걸리는 유인 탐사

무인 탐사는 그렇다고 해도 유인 탐사는 또 어떨까. NASA는 공식적으로 2030년대 화성 유인 탐사를 목표로 내세우고 있다. 스페이스엑스의 일론 머스크는 한술 더 뜬다. 그는 2026년 이전에 유인 우주선을 화성에 보내고, 2050년까지 화성에 100만 명을 보낼 계획이라 밝힌 바 있다.

화성 유인 탐사에는 무인 탐사와 차원이 다른 비용과 기술이 필요하다. NASA가 30여 년 전인 1989년에 계산한 화성 유인 탐사에는 연구 비용만 해도 5천억 달러가 소요됐다. 퍼서비어런스처럼 무인 탐사는 일단 화성에 도착하면 성공이지만, 유인 탐사는 갔다가 지구로 귀환해야 한다. 이런 이유로 유인 탐사는 최소 2년 이상 걸린다. 우주 지름길을 이용해 단순히 오가는 데만 13개월 이상 소요되는데, 현실적으로 그렇게 빨리 돌아오는 건 불가능하다. 우주선이 6~7개월을 날아 화성에 도착하면, 이후 지구와 화성 간 거리는 점점 더 멀어지게 된다. 따라서 지구와 화성이 다시 가까워지는 시점까지 1년 가까이 기다렸다 출발해야 한다.

무인 우주선과 로봇은 연료 에너지만 있으면 되지만, 인간은 화성을 향해 날아가는 동안 물과 식량, 산소가 필요하다. 화성에 체류할 때도 돌아올 때도 그만큼의 물과 식량, 산소가 필요하다. 지구에서부터 그만큼의 화물을 싣고 가거나, 아니면 화성 현지에서 직접 자원을 조달할 수밖에 없다. NASA는 현재 현지에서 에너지 등 상당 부분을 조달하는 것을 전제로 화성 유인 탐사 계획을 세우고 있다.[8] 과학자들이 그간 화성에 물이 있는지를 집요하게 탐구한 대표적 이유 중 하나다.

화성, 욕망의 판도라 상자가 열렸다

한 걸음 더 들어가 보자. 머스크 등이 말하는 '화성 이주'는 무얼 의미하는 걸까. 영국 물리학자 스티븐 호킹(Stephen Hawking, 1942~2018)은 "앞으로 100년 이내 또 다른 행성에 식민지를 건설하지 못하면, 인류는 지구에서 멸종할 것"이라면서 2030년까지 달 기지를 짓고, 2025년까지 화성에 사람을 보내야 한다고 주장한 바 있다. 그는 인류 멸종 이유로 기후 재앙과 핵 테러, 소행성 충돌 등을 꼽았다.

하지만 화성은 파라다이스가 아니다. 인간은 화성 땅에 맨몸으로 노출되면 단 5분도 살 수 없다. 화성 대기는 대부분 이산화탄소로 이루어져 있고, 산소는 0.1퍼센트에 불과하다. 기온은 적도 근처에서만 낮에 섭씨 영상 20도(℃)가 되고, 밤에는 무려 영하 85도까지 떨어진다. 지구와 달리 자기장이 없어, 태양에서 쏟아지는 우주 방사선에 그대로 노출된다. 유일한 희망이 얼음 형태의 물이 있다는 점인데, 이마저도 지구 이주민이 지속적으로 쓸 수 있을 정도의 양은 아니다.

화성 이주를 말하는 사람들은 화성 환경을 지구처럼 바꾸는 '테라포밍'(Terraforming)을 거론하기도 하지만, 설사 이것이 가능하다 하더라도 수천수만 년도 걸릴 수 있다는 게 우주과학자들의 판단이다. 그럴 바에는 천문학적 비용을 들여 화성을 유인 탐사하는 노력으로 지구를 살리는 게 우선이라고 말하는 사람도 적지 않다. 스웨덴 환경운동가 그레타 툰베리가 대표적이다. 그는 2021년 1월 19일 공개한 동영상에서 화성 이주는 단 1퍼센트 인류를 위한 것이라며, "99퍼센트 인류를 위해 기후변화를 막아야 한다"고 주장했다.

인류의 핏속에는 새로운 것에 대한 호기심과 도전에 대한 끝없는 욕망이 흐른다.[9] 과거 대항해시대 바다를 향해 경쟁적으로 떠났던 것처럼 이제 우주를 향한 인류의 무모한 도전이 계속될 수밖에 없다.

실패 없는 발사체는 없다

누리호 첫 발사

순수 국내 기술로 만든 한국형 발사체 누리호가 2021년 10월 21일 첫 발사에서 성공을 거두지 못했다. 누리호는 1.5톤급 실용위성을 지구 저궤도에 투입하기 위해 만들어진 3단 발사체로 엔진 설계에서부터 제작, 시험, 발사 운용까지 모두 독자 기술로 만든 첫 국산 발사체다. 21일 오후 5시 전남 고흥반도 끝자락 나로우주센터에서 한국 과학기술의 자존심이 솟아올랐다. 영상 15도의 쌀쌀한 날씨 속 발사장에는 화염이 만들어낸 거대한 뭉게구름이 피어올랐다. 누리호는 애초 오후 4시에 올라갈 예정이었으나, 발사대 하부 시스템과 밸브 점검이 늦어지면서 한 시간 늦은 오후 5시 정각에 발사됐다.

누리호, 마지막 고비는 못 넘었다

누리호는 이륙 후 127초에 고도 59킬로미터에 도달해 1단 로켓을 분리했다. 이륙 233초엔 고도 191킬로미터에 도달해 3단부 끝에 있는 페어링을 분리했다. 페어링(Fairing)은 누리호 꼭대기에 싣고 있는 인공위성을 보호하는 일종의 덮개다. 누리호의 경우 개발 후 첫 발사인 만큼, 정식 인공위성이 아닌 더미 위

한국형 발사체 누리호가 2021년 10월 21일 전남 고흥군 나로우주센터에서 발사되고 있다.

성을 실었다. 발사 274초 뒤 누리호는 고도 258킬로미터에 이르러 2단 로켓도 분리했다. 곧바로 3단 로켓이 불을 뿜었고 잠시 후 목표 상공인 고도 700킬로미터에 도달했다.

이때까지는 모든 것이 순조로워 보였다. 나로우주센터 관계자들은 모두 완벽한 성공이라 생각했다. 하지만 최종 단계인 더미 위성의 우주 궤도 안착 소식이 들려오지 않았다. 원인은 3단부를 책임지는 7톤 엔진 문제였다. 7톤 엔진은 목표 연소 시간인 521초 동안 타지 못하고 427초에 조기 종료됐다. 이 때문에 목표 속도인 초속 7.5킬로미터에 미치지 못하고 초속 6.4킬로미터에 머물러 궤도 진입에 실패했다. 더미 위성은 호주 남쪽 바다에 추락한 것으로 추정된다.

실패 없는 우주 발사체는 없다. 세계 최고 민간 우주 기업 스페이스엑스는 오히려 도전적인 실패를 통해 우주 로켓 개발의 속도를 높이고 있다. 스페이스엑스는 2006년 팰컨 1 로켓 첫 발사에 도전했다. 하지만 2008년까지 세 차례의 연속된 발사를 모두 실패했다. 이후 개발한 팰컨 9은 2010년 첫 발사한 뒤 2020년까지 무려 102회 발사했는데 실패 기록은 단 두 차례에 불과하다.

스페이스엑스는 이후 로켓 재사용을 위한 재착륙 기술을 확보하는 과정에서도 많은 실패를 경험했다. 비행하다 혹은 착륙하다 폭발하는 장면들은 물론, 폭발 잔해가 땅 위에 나뒹굴고

일론 머스크와 그의 반려견이 스페이스엑스의 스타십 우주선 초기 모델인 SN8 로켓이 2020년 12월 텍사스주 보카치카 스페이스엑스 기지에 착륙하던 중 폭발해 남은 잔해를 둘러보고 있다.

바다에 둥둥 떠도는 장면들이 적나라하게 공개됐다. 이런 실패를 보고 경쟁 업체들의 비난이 쏟아졌다. 실제 애초 계획보다 개발이 늦어지기도 했다. 하지만 스페이스엑스는 계속되는 실패 과정을 거쳐 마침내 재사용 발사체를 성공시키고 세계 발사 서비스 시장의 판도를 바꿔놓았다. 스페이스엑스의 실패는 화성 이주를 위한 발사체 '스타십(Starship)' 개발에서도 계속됐다. 네 차례나 실패를 거듭했지만, 일론 머스크는 연속된 실패에도 필요한 정보를 얻었다며 성공적인 비행이라 자평했다.

머스크는 "우리에겐 실패도 하나의 옵션이다. 실패가 없으면 제대로 된 혁신도 없다"(Failure is an option here. If things are not failing, you are not innovating enough)라고 말했다. NASA의 달 착륙선 아폴로 13호 임무 수행 당시 운항 책임자 역할을 한 우주항공 엔지니어 진 크랜츠(Gene Kranz)가 남긴 "실패라는 선택지는 없다"(Failure is not an option)는 말을 비튼 표현이었다.

우주 발사체 첫 발사 성공률 27퍼센트

우주 발사체의 내외부에서는 영상 3300도의 초고온과 영하 183도의 극저온 그리고 초속 11킬로미터가 넘는 초고속과 대기압의 60배 이상에 이르는 초고압이 공존한다. 이런 극악 조건을 순식간에 오가는 환경에서 37만 개 부품이 수십 분의 1초 오차도 없이 작동해야 한다. 엄청난 진동과 소음이 생성되는 극한의 조건을 견뎌 내면서도 가볍게 만들어야 한다. 누리호에는 극저온, 초고압 등을 견뎌야 하는 밸브만 2천 개가 넘는다. 밸브에 미세한 틈새(leak)만 있어도 발사 실패로 이어질 수 있다.

발사 실패를 초래하는 원인으로 가장 자주 거론되는 부분은 추진 시스템, 즉 엔진이다. 격렬하고 극한 화학반응이 일어나는 곳이기 때문이다. 그다음으로 단과 페어링 분리, 탱크류나 발사체 외피 등 구조 부문, 컴퓨터나 유도제어장치 등 항공전자공학 부문, 전기장비 이상 등도 발사 실패를 일으키는 주요 원인으로 꼽힌다. 번개 등의 기상 환경이나 통신 이상도 발사 실패의 원

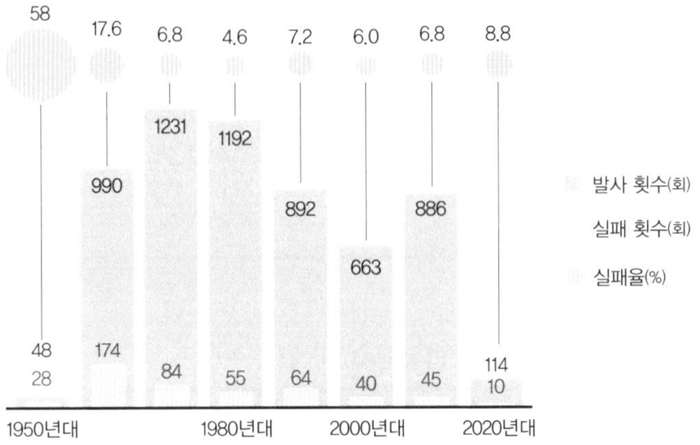

○ 연도별 우주 발사체 실패 확률 ○

인으로 추정되기도 한다.

우주 발사체 개발 기술은 1950년대 말부터 등장하기 시작했다. 그동안 소수의 몇몇 우주개발 선진국은 수천 회의 발사 기록을 쌓았다. 우주 발사체가 처음 세상에 나온 1950년대에는 총 48회의 발사가 있었고 그 가운데 28차례가 실패했다. 열에 여섯은 실패한 셈이다. 1960년대에는 총 990회 발사 중 174회가 실패했다. 17.6퍼센트 실패율로 1950년대 후반에 비해 크게 낮아지기는 했다. 발사 실패율은 1970년대 들어서야 10퍼센트 미만으로 떨어졌고, 이후 10퍼센트 미만을 계속 유지하고 있다. 하지만 2020년대 들어서도 우주 발사체 발사는 100회 중 7~8회는 실패하고 있다.

누리호의 전신이라 할 수 있는 나로호도 세 차례 발사 중 첫 번째와 두 번째 발사 실패 후 세 번째 도전에 성공할 수 있었다. 러시아의 최신형 안가라(Angara) 액체 로켓을 1단부로 쓰고, 한국은 2단부만 개발했음에도 이런 결과를 얻었다. 2009년 8월 첫 발사 때는 이륙엔 성공했으나 탑재체인 과학기술위성 2호를 보호하는 페어링의 한쪽이 분리되지 않아 목표 궤도 진입에 실패했다. 2010년 6월 두 번째 발사 때는 이륙 137초 만에 공중 폭발했다. 나로호는 이런 과정을 거쳐 2013년 1월 31일 오후 3시 45분, 세 번째 발사 만에 성공적으로 우주로 올라갔다. 과거에 비해 발사 실패율이 줄었다고는 하지만, 아직도 발사 실패율이 5퍼센트 이상 존재한다. 실패율이 5퍼센트 미만으로 내려가지 못하는 것은 그 경계를 허물기가 매우 어렵다는 뜻이기도 하다.[10]

은하수 어딘가에 살고 있다

외계 생명체 찾기

미국 캘리포니아주 북동부 라센화산국립공원 끝자락에 있는 햇크릭 지역. 해발 986미터 고지대에 펼쳐진 들판에 지름 6.1미터의 전파망원경 마흔두 대가 일제히 한 방향을 주시하며 늘어서 있다. 앨런 망원경 집합체(Allen Telescope Array)라는 이름을 가진 이 전파망원경들이 주시한 곳은 지구에서 약 2억 7400킬로미터 떨어진 태양계 내 우주 공간이다. 길이 400미터, 폭 40미터의 길쭉한 시가 모양 성간(星間) 천체 오무아무아(Oumuamua)를 관측하기 위함이다. 하와이어로 '저멀리에서 최초로 도착한 메신저'라는 뜻의 이름이 붙여진 이 물체는 태양

외계 지적 생명체를 찾는 세티연구소가 운영하는 앨런 망원경 집합체. 세티연구소는 천체물리학자 프랭크 드레이크가 설립했다.

계 밖에서 사상 처음으로 진입한 성간 천체다.

이들 앨런 망원경 집합체를 운영하는 곳은 미국 세티연구소(SETI Institute)다. 외계 지적 생명체 탐사(Search for Extra-Terrestrial Intelligence)를 위해 천체물리학자 프랭크 드레이크(Frank Drake)가 1984년에 설립한 곳이다. 세티연구소 일원인 물리학자 게리 하프(Gary Harp)는 2018년 12월 오무아무아를 관측했지만, 인공 신호로 분류할 만한 어떤 신호도 발견할 수 없었다고 밝혔다. 그러면서 자신들의 관측 결과는 오무아무아가 자연적으로 생성된 천체가 아닐 가능성을 완전히 배제하는 건 아니지만, 그 정체를 밝히는 데 중요한 자료가 될 것이라며 미련을

태양계 밖에서 처음으로 찾아온 성간 천체 오무아무아. 하와이어로 '저멀리에서 최초로 도착한 메신저'라는 뜻의 이름을 가졌다.

남겼다.

오무아무아는 2018년 세계 천문학계의 호기심을 불러일으켰다. 그중 하버드-스미스소니언 천체물리학센터 이론물리학자 에이브러햄 러브(Abraham Loeb) 박사 연구팀이 발표한 논문이 대표적이다. 러브는 논문에서 오무아무아가 단순한 소행성이나 혜성이 아닌 외계 우주선과 같은 인공 구조물일 가능성이 있다고 주장했다. 오무아무아는 궤도도 특이했지만, 태양 주변을 지날 때 일반적인 현상처럼 속도가 줄어들 것으로 예상했으나 반대로 속도가 빨라지는 등 독특한 움직임을 보여 관심을 모았다. 연구팀은 오무아무아가 태양에서 나오는 광자를 연료 삼아 비행하는 외계 고등 생명체의 우주선일 가능성도 있다고 추측했다.

외계 생명체를 찾기 위한 노력

외계 생명체를 찾기 위한 인류의 관심과 노력이 끊이지 않고 있다. 과학기술이 발달하면서 지구가 우주에서 유일하게 생명체가 사는 곳은 아니라는 확신이 커지고 있기 때문이다. 외계 생명체를 찾기 위한 지구인의 노력 중 대표적인 것으로 세티연구소와 케플러 우주망원경 등을 들 수 있다. 현재 태양계를 벗어난 탐사선 보이저 1호와 2호에도 한국어를 포함한 전 세계 55개 국어로 된 인사말, 각국 민속 음악, 지구 자연의 모습을 담은 사진 등이 실려 있다. 먼 훗날 언젠가 만날 수도 있는 외계 지적 생명체를 위한 것이었다.

세티연구소는 애초 미국 정부의 후원을 받아 진행되는 국가 프로젝트였다. 하지만 별다른 성과가 없다는 이유로 지원이 중단됐다가 개인과 기업, 대학 등의 지원으로 근근이 연구를 이어가고 있다. 세티연구소는 앨런 망원경 집합체 등 전 세계 곳곳 전파망원경이 수신한 전파 신호 속에서 외계 지적 생명체가 보냈을지도 모르는 인공적인 전파를 찾고 있다. 하지만 지금껏 단 한 차례도 성공하지 못했다. 그 이유가 무얼까. 드넓은 우주에서 지적 생명체는 오직 지구 인류뿐일까.

천문학자들은 35년이란 세월은 인류가 우주를 탐사하기엔 너무도 짧은 시간이라 말한다. 태양계에서 가장 가까운 별자리인 센타우루스자리조차 4광년 이상 떨어져 있어, 지구에서 쏜 전파를 그곳에서 확인하고 곧바로 답을 준다고 해도 8~9년은 족히 걸린다.

세티연구소는 애초 외계로 전파를 보내고 받는 '소통' 방식을 쓰고자 했지만, 이런 방법이 현실적으로 불가능하다는 걸 확인한 뒤 우주에서 지구로 오는 전파를 찾는 방식으로 바꿨다. 하

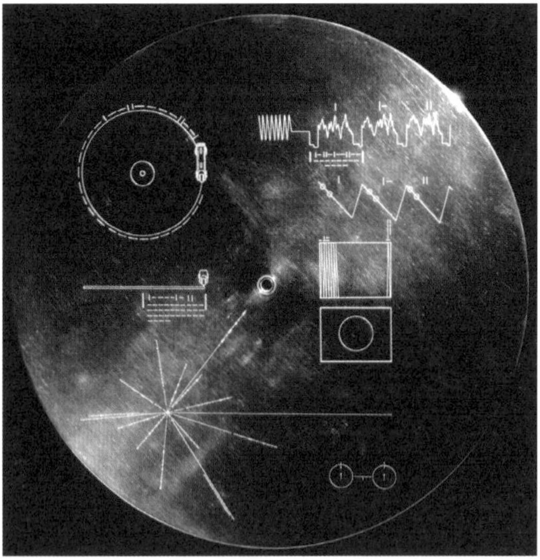

우주 탐사선 보이저호에 실린 12인치 골드 디스크. 지구의 다양한 문화와 인류의 삶을 찍은 사진과 소리를 담았다.

지만 이 또한 드넓은 우주 전체를 대상으로 할 수 없는 만큼, 지구와 유사한 행성 후보를 집중적으로 탐색한다는 전략을 세웠다. 수십에서 수백 광년 이상 떨어진 별의 행성에서 인공 전파를 쏜다고 하더라도 그 힘이 미약해 지구에서 포착하기란 현실적으로 쉽지 않다.[11]

한국에서도 2009년 한국천문연구원과 한국과학기술정보연구원(KISTI) 등이 '세티코리아'라는 이름으로 외계 지적 생명체 탐사를 시도한 적이 있다. 한국천문연구원이 연세대와 울산대, 탐라대에 설치한 지름 21미터짜리 전파망원경 세 대의 관측 데이터를 제공하고, 한국과학기술정보연구원이 이를 받아 세티코리아 프로젝트에 참가하는 사람들에게 데이터 분석을 제공하는 방식이었다. 그러나 데이터 호환 등의 기술적 문제가 얽히면서 1년 만에 중도 하차하고 말았다.

외계 행성 4000개 찾은 케플러 우주망원경

NASA가 2009년 쏘아 올린 케플러 우주망원경의 주된 임무는 태양계 밖의 다른 항성 주위를 돌고 있는 지구형 행성을 찾는 것이다. 그간 인류가 찾아낸 외계 행성의 절반 이상을 차지하는 4000여 개를 케플러 우주망원경이 발견했다. 이를 통해 지구인들은 우리 은하의 모든 별이 적어도 한 개 이상의 행성을 가지고 있다는 사실을 알게 됐고, 태양계 밖의 다른 세계에 대해서도 눈을 뜨게 됐다. 케플러 우주망원경은 2018년 10월 말 연료 고갈로 공식 퇴역하고, 2018년 4월 발사된 테스 우주망원경이 그 뒤를 잇고 있다.

케플러 우주망원경이 찾아낸 행성 중 케플러-22b를 비롯해 10여 개는 생명체가 거주할 수 있는 이른바 '골디락스 영역'(Goldilocks Zone)에 있는 지구 크기의 암석형 행성으로 밝혀졌다. 2011년 발견된 케플러-22b는 지구에서 600광년 떨어져 있고, 지구보다 2.4배 크며, 태양과 같은 항성 주위를 290일 주기로 공전하고 있다. 지구처럼 물이 있을 가능성이 크고, 표면 온도가 낮지도 높지도 않은 섭씨 22도쯤 돼, 생명체가 있을 가능성이 큰 곳이다. 당시 미국 천문학자 제프리 마시(Geoffrey Marcy)는 NASA의 발표에 대해 "집(지구)과 비슷한 별을 찾으려는 인류의 획기적인 발견"이라 말하기도 했다.

드레이크 방정식으로 외계 지적 생명체 수 추측

지구형 행성이라 하더라도 과연 생명체가 존재하는 곳이 있을까. 이런 궁금증이 들 때 쓰는 방정식이 있다. 세티연구소를 설립한 드레이크가 고안한 '드레이크 방정식'이다. 우리 은하 안에 존재하는, 지구와 교신할 가능성이 있는 외계 지적 생명체

수를 계산하는 방정식으로 다음과 같이 표기한다.

$$N=R_* \times f_p \times n_e \times f_1 \times f_i \times f_c \times L$$

여기서 N은 우리 은하계 안에서 탐지 가능한 문명의 수다. R_*은 은하계 안에서 1년간 탄생하는 항성 수이며, f_p는 그 항성이 행성을 갖고 있을 확률이다. n_e는 항성에 속한 행성 중에서 생명체가 살 수 있는 행성 수, f_1은 그 행성에서 실제로 생명이 탄생할 확률, f_i는 그 생명이 지적 문명체로 진화할 확률, f_c는 그 지적 문명체가 다른 천체와 교신할 수 있는 기술 문명을 발달시킬 확률을 가리킨다. 마지막으로 L은 그런 지적 문명체가

○ 드레이크 방정식 ○

변수	내용
N	우리 은하계 안에서 탐지 가능한 문명 수
R_*	은하계 안에서 1년간 탄생하는 항성 수
f_p	그 항성이 행성을 갖고 있을 확률
n_e	그 행성들 중 생명체가 살 수 있는 행성 수
f_1	행성에서 실제로 생명이 탄생할 확률
f_i	그 생명이 지적 문명체로 진화할 확률
f_c	다른 천체와 교신할 수 있는 기술 분명을 발달시킬 확률
L	그런 지적 문명체가 존속할 수 있는 기간

존속할 수 있는 기간이다.

드레이크 방정식은 관측을 바탕으로 산출한 수치가 아니므로 정확한 답을 찾아낼 수 있는 공식은 아니며, 우리 은하계 내에 지적 문명체가 존재할 가능성을 논리적으로 추측해볼 수 있다는 데 의미가 있다.[12]

외계 생명체, 있다면 만날 수 있을까

그렇다면 우리 은하와 은하 밖의 수많은 은하에 존재할 외계 지적 생명체와 인류가 만날 수 있을까. 미국 천문과학자 칼 세이건은 저서 『코스모스』에 "지구가 태어난 지 벌써 수십억 년이 지났다. 그동안 외계 문명권으로부터의 지구 방문이 단 한 건도 없었다고 믿기에는 지구의 나이 45억 년은 너무 길다"고 적기도 했다. 그런 그의 상상력은 그가 남긴 유일한 SF소설 『콘택트』와 이를 영화화한 동명의 작품에 그대로 구현돼 있다.

하지만 세이건의 상상과 별개로 현대 과학자들은 인류가 외계 지적 생명체와 만날 가능성은 없다고 단언한다. 빛의 속도로 날더라도 최소 수년에서 최대 수십억 년 이상 걸리기 때문이다. 그처럼 긴 시간의 한계를 넘어 서로 다른 외계 문명 간 실제로 만남이 이루어질 방법은 현대 과학에서는 불가능하다는 주장이다.

외계인이 있다면 어떤 모습을 하고 있을까. 인류는 그간 그런 만날 수 없는 외계인을 상상 속에서 수없이 그려왔다. SF영화 속 외계인은 곤충이나 문어의 형상에서부터 인간과 유사한 모습 등 다양하다. 눈이 하나가 아닌 두 개라야 거리감을 느낄 수 있고, 세 개라면 뇌가 시각 정보를 처리하는 데 지나친 에너지를 쏟을 수 있다고 생각해볼 수 있다.[13] 지구와 비슷한 조건의 외계 행성에서 생명이 움트고 고등 생명체로까지 진화한다면, 인류와 비슷한 모습을 가질 가능성이 크다고 보는 것이 합리적이다.

빅뱅 이후
첫 별 탄생도 보는 망원경

제임스웹 우주망원경

지구에서 150만 킬로미터 떨어진 심(深)우주, 지구와 달 사이 거리(38만 킬로미터)의 3.9배에 이르는 곳. 지구와 태양의 중력이 균형을 이루는 라그랑주 점(Lagrángian Póint) L2 지점. 절대온도 40켈빈(K), 영하 233도에 이르는 적막과 진공의 우주 공간에 거대한 돛단배가 뜬다. '제임스웹'(James Webb)이라는 이름을 가진 이 배는 태양과 지구를 등지고 하나의 행성처럼 태양계를 공전한다. 임무는 우주 탄생 이후 최초 별의 생성과 우주 속 생명의 존재 가능성을 찾는 것이다.

한국에서 누리호 얘기로 뜨거웠던 2021년 가을, 미국과 유

제임스웹 우주망원경이 지구에서 150만 킬로미터 떨어진 라그랑주 점 L2 지점에 안착해서 별을 관측하고 있는 모습을 상상한 그림이다.

럽 등 서구사회는 그해 12월 22일로 예정된 거대 우주 이벤트를 앞두고 술렁이고 있었다. 원래 18일 발사 예정이었으나 발사 준비 과정에서 일어난 사고로 22일로 연기됐다. 남아메리카의 프랑스령 기아나의 쿠루에 있는 로켓 발사 기지 기아나우주센터에서 아리안 5(Ariane 5) 로켓에 실려 발사될 '제임스웹 우주망원경'이 그 주인공이다. NASA 2대 국장 제임스 웹(1906~1992)의 이름을 딴 이 우주망원경은 수명을 다해가는 허블 우주망원경의 뒤를 이를 존재다. 질량은 허블의 절반 수준인 6.2톤에 불과하지만, 반사경 지름은 6.5미터로 허블의 2.5배에 달한다.

◦ 제임스웹 우주망원경과 허블 우주망원경 비교 ◦

	제임스웹 우주망원경	허블 우주망원경
관측	적외선 위주	가시광선 위주
발사	2021년 12월 22일	1990년 4월 24일
설계수명	5~10년	15년
거울 지름	6.5m	2.4m
길이	20.197m	13.2m
관측 위치	지구에서 150만 km 거리	지상 547km 지구 궤도

적외선 이용해 성운 너머로 관측

지구 상공 559킬로미터에서 96분마다 한 바퀴씩 지구를 도는 허블이 주로 우주의 가시광선을 관측하는 광학 우주망원경이라면, 제임스웹은 가시광선보다 더 깊은 우주를 볼 수 있는 적외선 우주망원경이다. 허블이 관측한 가장 먼 우주 천체는 134억 광년 떨어진 은하다. 하지만 허블은 가스나 성운에 가려진 별을 관측할 수 없다.

이에 비해 제임스웹은 적외선 망원경의 특성상 별이 탄생한다는 성운 속을 뚫고 그 너머를 볼 수 있다. 6.5미터에 달하는 반사경을 이용해 빅뱅, 즉 138억 년 전 우주 탄생 이후 태어난 첫 별과 은하도 관찰할 수 있다. 이뿐 아니라 자외선 분광기를 이용해 먼 외계 행성의 대기를 분석, 생물의 존재 가능성까지 파악해낸다. 또 다른 망원경인 케플러 우주망원경이 지금껏 4천 개가 넘는 외계 행성을 찾아냈다면, 제임스웹은 그 수많은 외계 행성 중에서도 '제2의 지구'를 찾을 수 있는 조건을 갖추고 있는 셈이다.

제임스웹 우주망원경은 기존 우주망원경과 달리 특이한 돛단배 모양을 하고 있다. 육각형 18개가 모인 벌집 모양의 초대형 거울이 돛 모양으로 펼쳐져 별빛을 받아들인다. 그 아래 배 모양은 태양으로부터 오는 빛과 열을 차단하는 기능을 한다. 우주망원경은 빛과 열에 취약하기 때문에 항상 극저온 상태를 유지해야 한다. 제임스웹 우주망원경처럼 한 장소에 계속 머물러 있으면, 온도가 급속히 올라가게 된다. 이 때문에 5중 구조로 이루어진 차폐막을 이용해 태양으로부터 밀려오는 열을 600도 이상 떨어뜨린다. 제임스웹 우주망원경의 거울 본체는 원소 번호 4번 베릴륨(Be) 합금으로 만들었다. 반사경이 되는 표면에는 순금을 입혔다. 덕분에 기존 유리 재질의 반사경보다 가볍고 강하며 열변형도 적고 적외선 반사 능력도 뛰어나다.

허블 넘어서는 결과 기대

제임스웹 우주망원경은 우주로 올라가기 전 오랜 '출산' 과정과 긴 여행을 했다. 미국 NASA가 주도하고 유럽과 캐나다 우주국이 참여한 이 망원경 제작은 1997년에 시작됐다. 미국 우주항공 기업 노스롭그루먼이 제작을 주도했다. 애초 계획에는 5억 달러(약 5800억 원) 예산을 투입해 2007년 완성할 예정이었다. 하지만 여러 이유로 20년이 넘게 걸리고 예산도 초과돼 총 100억 달러(약 11조 7천억 원)가 넘는 돈이 투입됐다.

이렇게 완성된 제임스웹 우주망원경은 2021년 9월 26일에서야 길이 33.5미터의 전용 컨테이너에 실려 미국 캘리포니아 오렌지카운티의 실비치항을 출발했다. 최종 목적지는 남미 북동쪽 프랑스령 기아나, 북위 5도 적도지방에 있는 기아나우주센

아래에서 본 제임스웹 우주망원경. 금빛으로 빛나는 둥근 반사경 아래 배 모양이 태양열과 빛을 차단하는 차폐막 역할을 한다.

터다. 태평양에서 파나마 운하를 거쳐 카리브해로 이동한 다음 10월 12일에서야 도착했다. 16일간 9300킬로미터 여정의 긴 항해였다. 12월 22일 제임스웹 우주망원경이 기아나우주센터를 떠나면 30일 만에 라그랑주 점 L2 지점에 안착하게 된다.

제임스웹은 지구에서 너무 멀리 떨어져 있기 때문에 고장 나면 허블처럼 우주선을 보내 수리할 수 없다. 허블의 경우 1990년 우주로 발사된 이후 여러 차례 우주왕복선을 투입해 대대적인 보수 작업을 했다. 이 때문에 제임스웹은 만약을 대비해 모든 전자부품을 이중으로 갖췄다. 관측 각도가 맞지 않으면 전파를 이용해 지구에서 조정할 수 있도록 했다.

제임스웹 우주망원경에 대한 세계 천문학자들의 기대는 단순히 크다는 말로는 부족하다. 과학자들은 "허블이 모든 교과서를 다시 쓴 것처럼 제임스웹 역시 그 교과서를 다시 쓰게 될 것"이라 표현한다. 제임스웹 우주망원경은 허블과 비교가 되지 않을 정도로 우주에 관한 놀라운 소식을 전해줄 것으로 기대된다. 우주에 대한 인류의 지식 체계에 강력한 지각변동을 일으키는 수준이 될 것이라는 전망이 지배적이다.[14]

2029년 4월, 악의 신 아포피스가 지구 온다

소행성 충돌

'악(惡)의 신'. 2021년 3월 6일 지구를 스쳐 지나간 소행성 아포피스(Apophis)의 뜻이다. 이집트 신화 속 태양신 라와 대결하는 신 아펩의 그리스어 이름에서 따왔다. 태양신 라가 질서와 빛, 정의를 상징한다면 아포피스는 혼돈과 어둠을 뜻한다. 2004년 12월 미국국립광학천문대 산하 킷픽천문대가 발견한 이 소행성은 지름이 엠파이어스테이트빌딩보다 조금 큰 400미터에 달한다. 아포피스는 지구와 가까운 공전궤도를 돌고 있는데 10년에 한 번꼴로 지구에 근접한다. 지난 3월 6일에는 지구에서 1680만 킬로미터 떨어진 곳까지 접근했다가 초당 4.58킬로미터 속도로 지나갔다.

이 정도면 수많은 지구 근접 소행성 중 하나로 생각할 수 있지만, 악의 신이라는 살벌한 이름으로 불리는 이유는 따로 있다. NASA 제트추진연구소에 따르면 아포피스는 100년 이내 지구 충돌 확률이 100만 분의 1보다 높은 지구 위협 천체 네 개 중 하나로 꼽힌다. 발견 당시 천문학자들은 아포피스가 지구와 충돌할 확률이 2.7퍼센트에 이른다고 밝혔다. 그 시기는 2029년 4월 14일 6시 46분이다. 이때 아포피스와 지구의 거리는 약 3만 7천 킬로미터로, 무궁화위성과 같은 정지궤도 위성보다 약 4천 킬로미터 더 가까운 거리다. 이 정도면 3~4등급 밝기로, 맨눈으로도 관측할 수 있다. 천문학자들은 아포피스 크기의 소행성이 이처럼 지구에 가까이 접근할 확률은 1000년에 한 번 정도라고 말한다.

소행성이 지구에 떨어진다면

아포피스처럼 지름이 400미터에 가까운 소행성이 지구에 떨어지면 어떻게 될까. 지름 20~50미터급 소행성만 하더라도 도시 하나를 파괴할 수 있는 위력을 가지고 있다.[15] 1908년 러시아 퉁구스카에는 지름 50미터급 소행성이 떨어져 주변 2천 제곱킬로미터의 산림이 초토화됐다. 지름이 400미터의 소행성일

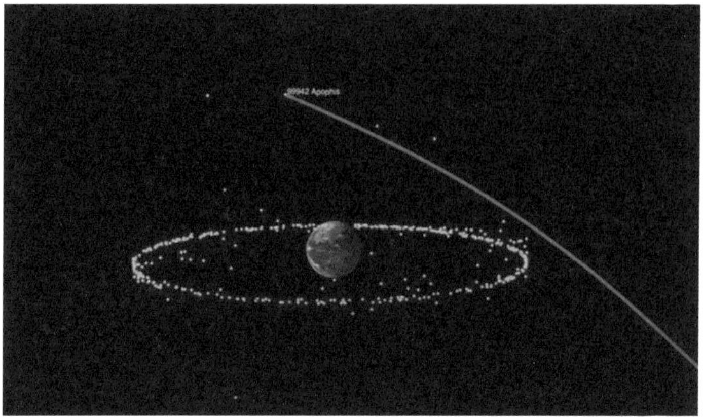

2029년 4월 14일 지구에 가까이 접근할 예정인 소행성 아포피스. 노란색 선이 아포피스이고, 청록색 점은 인공위성이다.

경우 폭발력이 일본 히로시마 원자폭탄의 8만 배에 이를 것으로 추정된다. 지름이 10킬로미터에 달하면 지구 생물의 대멸종을 일으킬 수 있다. 중생대 백악기 지구의 지배자였던 공룡을 멸종시킨 건 지름 7~10킬로미터의 소행성이나 혜성이었으리라 추측된다.

2020년 말 한국지질연구원이 공개한 지름 4킬로미터의 경남 합천 운석 충돌구엔 5만 년 전에 지름 200미터가량의 운석이 떨어진 것으로 추정됐다. 지질연구원은 당시 합천 운석 충돌로 서울에서 부산까지 초토화됐을 것으로 분석했다.

2029년 4월, 지구는 별일이 없을까. 과학자들은 아포피스가 SF영화 〈딥 임팩트〉처럼 지구와 충돌하진 않으리라 보고 있지

○ 우주 물체 추락 시 크기에 따른 충격 에너지와 평균 추락 빈도 ○

크기	충격 에너지	영향	추락 빈도
10m	0.1Mt(메가톤)	건물 파손	10년
30m	2Mt	도시 파괴	100년
140m	150Mt	국가 초토화	5천 년
300m	2000Mt	대륙 초토화	5만 년
1km	10만 Mt	전 지구 기후변화	100만 년
10km	1억 Mt	대량 멸종	

만, 그렇다고 안심하긴 이르다. 아포피스는 아직 멀리서 관찰한 게 전부여서 길쭉한 감자 모양일 것으로 추정할 뿐이다.[16] 2018년 초 NASA의 명왕성 탐사선 뉴호라이즌스가 태양계 끝 카이퍼 벨트에서 찍어 보낸 소행성 울티마툴레처럼, 아포피스가 두 개의 천체가 맞닿아 있는 눈사람 모양일 경우 지구에 근접할 때 균열이 생겨 둘로 나뉘질 수도 있다. 꼭 2029년은 아니더라도 언젠가 아포피스의 큰 덩어리 일부가 지구에 충돌하지 않으리라는 보장도 없다.

세계 주요국 아포피스 맞이 준비

그렇다면 어떻게 해야 할까. 아포피스가 2029년 지구에 근접하기를 기다리기만 해야 할까. 과학자들은 인류가 먼저 나서야 한다고 주장한다. 아포피스가 지구 가까이 오기 전에 탐사선을 보내 정확한 형태와 지질 성분을 파악하고, 혹 분열될 가능성이 있을 경우에 대비해야 한다는 것이다. 한국천문연구원은 "지구와 충돌 가능성이 확인될 땐 영화 〈딥 임팩트〉처럼 어떤 수단을 써서라도 소행성의 방향을 바꿔놓아야 한다. 인류가 가진 기술로 지름 300~400미터 소행성의 궤도를 바꾸는 것은 충분히 가능하다"고 말했다.

세계 주요국들은 이미 2029년 아포피스 맞이에 돌입했다. 미국의 경우 현재 매사추세츠공과대학(MIT) 등 네 개 기관에서 탐사 프로젝트를 준비 중이다. 대만과 프랑스도 아포피스 탐사를 선언했다. 한국 정부도 특정 소행성을 한정한 구체적인 계획은 아니지만 2018년 1월 발표한 '제3차 우주개발 진흥 기본 계획'에서 소행성 탐사를 밝힌 바 있다. 여기에는 달 탐사 일정뿐 아니라 2035년을 목표로 소행성에서 암석을 채취해오는 '소행성 귀환선' 계획도 포함돼 있다.

프랑스 작가 생텍쥐페리가 1943년에 동화책 『어린 왕자』를 썼을 때만 하더라도 소행성은 인류에게 막연히 '외로운 작은 별'일 뿐이었다. 그러나 1990년대 이후 지구 가까이에서 수많은 소행성이 계속 발견되면서 근지구 천체에 대한 관측은 인류의 운명을 좌우하는 생존의 문제가 됐다.[17] 한국천문연구원에 따르면 2021년 3월 현재 크기가 140미터보다 큰 지구 위협 소행성은 2173개에 달한다. 지구 위로 매일 떨어지는 유성도 100톤에 이른다. 6600만 년 전 공룡 대멸종의 주범이 소행성이었던 것처럼, 35만 년 전 출현한 호모사피엔스도 언젠가 소행성 충돌로 멸종할지 모를 일이다. 물론 그 전에 지구온난화나 핵전쟁이 먼저 찾아올 수도 있지만 말이다.

일본도
소행성 탐사선 보냈다

우주 자원 채굴

태양광 패널을 펼친 날개 길이 6미터, 몸체 길이 1.25미터인 탐사선이 고도 20킬로미터 상공에 떠 있다가 서서히 하강한다. 지상 60미터까지 내려온 탐사선은 지름 18센티미터, 높이 7센티미터짜리 납작한 16각형 기둥 모양의 물체 두 개를 토해 놓는다. 쌍둥이처럼 똑같은 두 물체는 거친 바위와 자갈로 가득한 지상을 통통 튀듯 구르며 사진을 찍는다.

지구에서 2억8천만 킬로미터 떨어진 우주 공간의 소행성 류구(Ryugu)에서 2018년 9월 22일 벌어진 일이다. 일본우주항공

하야부사 2호가 지구 근처를 지나가는 모습을 그린 그림이다.

연구개발기구의 소행성 탐사선 하야부사(Hayabusa, 송골매) 2호가 지상 탐사 로봇 미네르바 투원(II-1) 두 대를 성공적으로 내려놓은 것이다. 하야부사와 미네르바 투원이 찍은 소행성 류구 표면의 사진과 동영상은 지구로 생생하게 전송됐다.

하야부사 2호는 2014년 12월 일본 규슈 남단 가고시마현에서도 40킬로미터 떨어진 섬에 있는 다네가시마 우주센터에서 H2A 로켓에 실려 우주로 올라갔다. 지구 궤도를 벗어난 하야부사 2호는 2018년 6월 지구와 화성 사이 궤도를 공전하고 있는 소행성 류구 상공에 도착했다. 지구를 떠난 지 3년 6개월, 공전궤도를 따라 32억 킬로미터의 아득한 거리를 날아간 여정이

지상 탐사 로봇 미네르바 투원이 소행성 류구에 내렸다.

었다. 하야부사 2호는 결국 2020년 12월 류구의 표토를 채집해 지구로 귀환하는 쾌거를 이루어냈다.

일본은 왜 소행성으로 달려갈까

일본우주항공연구개발기구의 소행성 탐사는 이번이 처음이 아니다. 2003년에도 하야부사 1호가 지구를 떠나 20억 킬로미터를 비행한 뒤, 여러 차례의 시행착오와 실패 끝에 소행성 이토카와에 착륙해 시료를 채취하고 2010년 지구로 돌아왔다. 달이 아닌 다른 천체의 물질을 가져온 세계 최초의 기록이었다.

일본은 왜 소행성으로 달려갈까. 일본우주항공연구개발기구가 밝힌 공식 이유는 순수과학이다. 소행성 탐사를 통해 45억 년 전 태양계가 형성된 직후 상황을 좀 더 깊이 들여다볼 수 있을 것으로 기대하고 있다. 소행성은 지구와 같은 행성이 태어나는 과정에서 살아남은 잔해이면서 변화를 가장 덜 겪은 천체다. 따라서 45억 년 전의 화학적·열적 상태에 관한 중요한 단서가 될 수 있다. 그뿐 아니다. 우주과학자들에 따르면 소행성 탐사

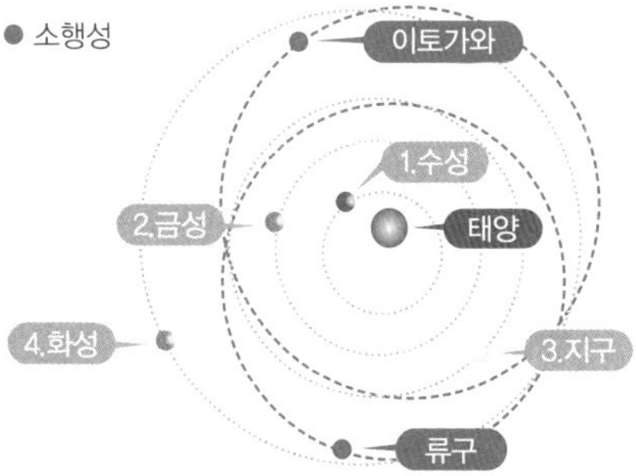

○ 근지구 소행성들의 궤도 ○

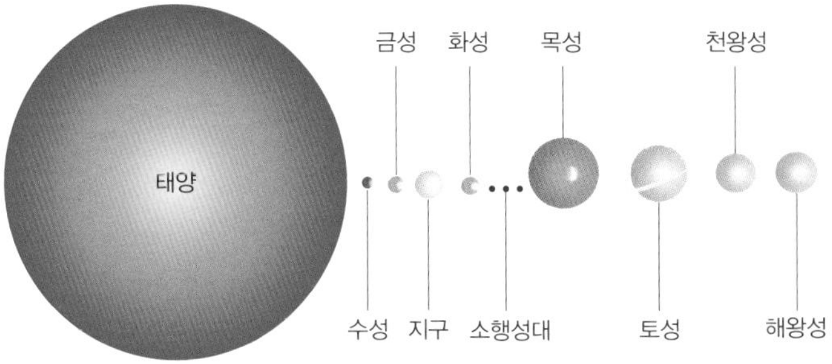

○ 태양계 속 소행성대의 위치 ○

에는 두 가지 목적이 더 있다. '지구 보호'와 '자원 확보'가 그것이다.

지구 보호부터 살펴보자. 사실 태양계 내 소행성이 가장 많이 몰려 있는 곳은 화성과 목성 사이이다. 100만 개가 넘는 소행성들이 무리를 이루어 궤도를 돌고 있다. 이른바 '소행성대'로 불리는 곳이다. 또 한 곳, 지구 주위에서도 최근까지 약 1만9천 개에 달하는 크고 작은 소행성들이 발견됐다. 이들은 지구 가까이 있다고 해서 '근지구 천체'라고도 불린다.

근지구 소행성의 고향은 화성과 목성 사이 소행성대다. 소행성대를 돌던 이들이 여러 가지 이유로 궤도를 이탈해 지구 가까이 접근한 것이다. 이 중 극히 일부는 지구상에 떨어져 엄청난 피해를 준다. 지름 1킬로미터 이상 크기의 소행성이 지구와 충돌한다면 지구상의 모든 생물이 멸종할 수 있고, 100미터급이라 하더라도 한 나라가 사라질 정도다.[18] 이 때문에 미국 등 우주 선진국을 중심으로 지구 위협 소행성을 로켓으로 밀어내거나 핵폭탄으로 파괴하기 위한 연구가 진행 중이다.

소행성은 희귀금속 널려있는 보물창고

소행성은 '우주의 보물창고'이기도 하다. 지구 표면에는 이용가치가 높은 희귀금속이 거의 없지만, 소행성에는 이런 자원이 상대적으로 많다. 지구가 형성되는 과정에서 철이나 니켈은 물론 백금과 같은 중금속은 대부분 지구 중심핵으로 가라앉아버렸다. 반면 크기도 작고, 구(球) 모양을 제대로 갖추지 못한 소행성의 표면에는 희귀금속이 널려있다.

이런 자원을 지구로 가져올 수만 있다면, 소위 '대박'일 수밖에 없다. 하지만 현재 과학기술로는 수송비도 감당하기 어려울뿐더러 지구 대기권을 뚫고 대량의 자원을 가져오는 것은 불가능한 일이다. 다만 우주과학자들은 향후 한 세대가 지나기 전 본격적인 우주 탐사시대가 열린다면, 소행성의 광석과 얼음 등을 우주상에서 가공해 탐사선과 우주 기지의 자원과 에너지로 쓸 수 있다고 말한다.

일본만큼 성과를 거두진 못했지만, 미국도 소행성 탐사에 둘째가라면 서러워할 국가다. 소행성에서 시료를 채취해 지구로 돌아온 것은 일본이 최초이지만, 탐사선의 소행성 착륙은 미국이 먼저다. NASA는 1996년 2월 소행성 탐사선 니어 슈메이커(NEAR Shoemaker)를 쏘아 올렸으며, 5년 뒤인 2001년 2월 근지구 소행성 중 하나인 에로스(Eros)에 착륙시켰다. 인류의 우주탐사선이 소행성에 착륙한 최초의 기록이다. 에로스는 최대 지름 34.2킬로미터로 근지구 소행성 중 둘째로 크다.

NASA는 2016년 9월 소행성 탐사선 오시리스-렉스(OSIRIS-REx)도 쏘아 올렸다. 이 탐사선 역시 근지구 소행성 중 하나인 지름 500미터의 베누(Bennu)에 직접 착륙해 약 2킬로그램의 샘플을 채취한 뒤 지구로 귀환할 예정이다. 베누는 앞으로 1세기가 더 지난 뒤인 2135년엔 달과 지구 사이를 지나갈 것으로 계산돼, 충돌 가능성이 제기된 근지구 천체이기도 하다.

서구의 우주 자원 채굴 기업들은 2020년대 중반이면 지구 아닌 다른 천체의 자원 추출 실험이 가능하고, 2040년경이면 산업화할 수 있을 것으로 전망한다.[19] 과거 대항해시대가 시작될 때 선구적인 국가들이 미지의 바다를 넘어 신대륙을 향한 도전에 나섰다는 점을 기억할 필요가 있다.

서울에서 뉴욕까지 30분 만에 갈 수 있다

로켓 여객기 계획

이동에 대한 인류의 욕구가 특이점을 향해 가고 있다. 머잖아 서울에서 뉴욕까지 30분 만에 갈 수 있는 로켓 여객기가 등장할 전망이다. 대륙간탄도미사일(ICBM) 앞부분에 핵폭탄 대신 객실을 만들어 사람들을 실어 나르는 것과 다를 바 없다.

우주개발 회사 스페이스엑스는 2021년 5월 13일 미국연방통신위원회(FCC)에 화성 탐사용으로 개발 중인 우주선 스타십을 이용한 텍사스-하와이 간 궤도 비행 계획을 제출했다. 스페이스엑스에 따르면 스타십의 첫 궤도 비행은 텍사스주 보카치카 발사장에서 출발해 하와이제도 북쪽 카우아이섬 북서쪽 해

우주를 향해 치솟고 있는 스페이스엑스의 로켓 여객기. 앞쪽에 승객이 타는 공간이 있다.

안에서 약 100킬로미터 떨어진 바다에 착수(着水)하는 형태로 이루어진다. 예상 최대 고도는 115킬로미터다. 스페이스엑스는 당국에 제출한 문서에서 궤도 비행 시기를 못 박지 않았다. 하지만 스페이스엑스는 이르면 2021년 말, 늦어도 2022년 3월까지는 궤도 비행을 마치겠다는 구상을 밝힌 바 있다.

로켓 지구 여행 경쟁, 일본도 참여

스타십은 개발 주목적이 화성 유인 탐사라, 그간 수직으로 날아오르는 고고도 비행만 해왔다는 점에서 이번 궤도 비행 계획은 이례적이다. 많은 사람이 가진 의문에 대한 정답은 로켓 여객기 구상에 있다. 스페이스엑스 창업자 일론 머스크는 2017년

9월 멕시코 국제우주대회에서 '로켓 지구 여행' 계획을 발표한 바 있다. 당시 그는 "화성 우주선으로 지구의 다른 곳을 간다면 어떨까?"라는 질문을 던진 뒤, 뉴욕에서 로켓에 탑승해 단 39분 만에 중국 상하이에 도착하는 내용의 영상을 공개했다. 영상 속 로켓은 100명 미만의 승객 태우고 일반 제트여객기 속도의 27배에 달하는 시속 2만7천 킬로미터로 날아, 지구 어디든 1시간 이내에 도착할 수 있다고 머스크는 설명했다.

로켓 여객기 계획은 미국 스페이스엑스만의 이야기가 아니다. 일본 문부과학성은 2021년 5월, 2040년대 초를 목표로 우주 로켓을 이용해 지구 어디라도 2시간 이내 도착할 수 있는 국제 여객우주선 네트워크를 개발하겠다고 밝혔다. 액체수소를 연료로 사용하는 차세대 우주 로켓 H3를 재사용하는 방식으로 로켓 발사 비용을 기존의 10퍼센트 수준까지 떨어뜨린다는 것이 그들의 계획이다.

고도 100킬로미터가 넘는 우주 공간을 올라갔다 내려오는 로켓 여객기는 아니지만, 초음속으로 비행하는 제트여객기도 다시 등장할 전망이다. 유나이티드항공은 2021년 6월 항공 스타트업 붐슈퍼소닉이 개발 중인 초음속 항공기 '오버추어' 15대를 주문했다고 발표했다. 오버추어는 일반 여객기보다 배 이상 빠른 최고 마하 1.7(시속 2080킬로미터)의 속도를 낼 수 있다.

오버추어를 타면, 현재 14시간가량 걸리는 서울-뉴욕 간 비행시간이 7시간으로 줄어든다. 붐슈퍼소닉은 2026년까지 시험 비행을 마치고 2029년부터 상업 서비스를 시작한다는 목표를 가지고 있다. 초음속 여객기의 경우 기존에도 최대 속도 마하 2.04(시속 2179킬로미터)로 비행한 콩코드가 있었지만, 안전과 경제성 등의 문제로 2003년 운항을 종료했다. 오버추어는 안전성과 함께 콩코드 요금의 4분의 1(서울-뉴욕 왕복 5천 달러 정도) 수준으로 경제성도 갖춘 것으로 알려졌다.

소음과 사망 위험, 비용이라는 장애물

인류의 이동 역사는 비행기가 발명된 후 100여 년 만에 비약적으로 진화하고 있다. 1620년 메이플라워호를 탄 청교도들이 영국을 떠나 대서양을 가로질러 북미에 도착하기까지 걸린 시간은 64일이었다. 이후 300년이 지난 1919년 영국인 비행사 존 올콕(John Alcok, 1892~1919)과 아서 브라운(Arthur Brown, 1886~1948)에게 영감을 받았다. 그들이 1919년 프로펠러기를 타고 대서양을 최초로 논스톱 횡단하는 데 걸린 시간은 16시간. 이제는 승객 수백 명을 태운 제트여객기가 7시간 만에 대서양을 가로지른다. 머잖아 스페이스엑스의 로켓 여객기 계획이 실현된다면, 지구 어느 도시든 30분 만에 갈 수 있게 된다.

하지만 로켓 여객기시대가 오기까지는 아직 극복해야 할 것

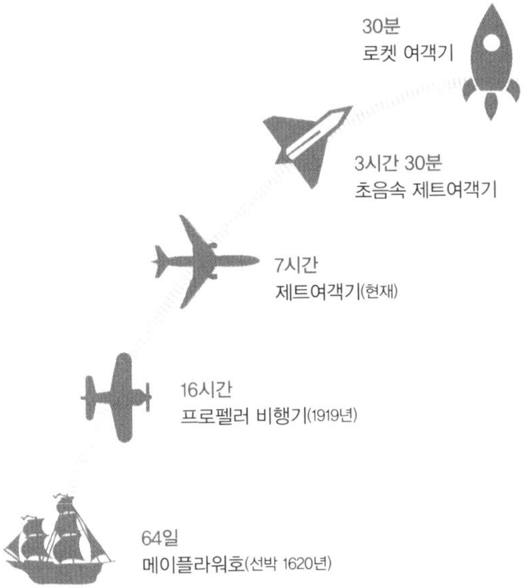

인류가 대서양 횡단에 걸린 시간

이 많다. 가장 먼저 안전도 문제다. 미국연방교통안전위원회(NTSB)에 따르면 테러 등을 제외한 전 세계 상업용 비행기의 승객 1억 명당 사망자 수는 약 2명에 불과하다. 그러나 지금까지 로켓을 이용한 우주인 564명 중 사망자는 18명에 달한다. 상업용 제트여객기 수준의 안전도에 이르기까지는 아직도 갈 길이 멀다는 얘기다. 비행시간 30분 안에 일반 제트여객기의 27배에 달하는 속도를 내는 구조 때문에 생기는 중력 두세 배 압력을 일반 승객이 견딜 수 있느냐는 문제도 있다.

스페이스엑스의 로켓 여객기는 지상이 아닌 해상 발사장에서 출발한다.

로켓 여객기의 발사 소음은 물론 음속 장벽을 넘어설 때 생기는 소닉붐(Sonic Boom)도 로켓 여객기시대를 가로막는 장애물이다. 소닉붐은 음속 폭음(爆音)이라고도 불린다. 일반 항공기의 초음속 비행에서 발생하는 폭발음을 말한다. 소닉붐은 큰 에너지를 발생시키며, 폭발음처럼 들린다. 현재도 우주 로켓 발사장에서는 소음과 안전 문제 때문에 발사할 때 사람들을 반경 수 킬로미터 밖으로 내보낸다. 이에 대해 스페이스엑스 측은 도시가 아닌 해상에 발사장과 도착지를 만든다는 계획을 세우고 있다.

비행기가 처음 음속을 돌파할 때만 하더라도 비행기 파손이나 조종사 사망 등을 우려한 심각한 심리적 저항이 있었다. 우주 로켓을 이용한 여객 운송의 기술적 문제는 조만간 극복하겠지만 심리적·경제적 수용성이 갖춰지기 전까지는 보편화가 쉽지 않으리라 전망된다.[20]

우주 쓰레기 계속 늘면 탐사도 못 한다

케슬러 증후군

서기 2092년. 지구는 병들고, 지구 상공 위 위성 궤도에 인류의 새로운 보금자리인 UTS(Utopia above The Sky)가 만들어진다. 우주 궤도엔 버려진 각종 위성과 발사체 부품 쓰레기로 가득하다. 주인공 태호와 장 선장 등은 우주 쓰레기를 주워 돈을 버는 '우주 청소선'의 선원들이다. 이들은 대량살상무기로 알려진 도로시라는 이름의 로봇을 발견하면서 위험한 거래에 휘말린다….

2021년 2월, 코로나 사태 와중에 넷플릭스를 통해 공개된 본격 우주 SF영화 〈승리호〉의 줄거리다.

영화는 현실을 바탕으로 한 상상의 결과물이다. 2021년 5월, 전 세계에 비상이 걸렸다. 중국의 우주 발사체 창정 5B호의 잔해물이 지구로 추락하기 시작했다. 창정 5B호는 중국이 우주정거장 모듈을 운송하기 위해 발사한 것이다. 추락 중이던 잔해물은 발사체 상단으로, 무게 20톤에 길이 31미터, 지름 5미터에 달했다. 지구 저궤도를 빠르게 돌며 고도를 낮춰가던 창정 5B호 잔해는 대기권에 재진입해 불타오르면서 인도 남서쪽 아라비아해에 추락했다. 다행히 인명 피해는 없었다. 2018년에도 중국의 우주정거장 톈궁(天宮) 1호가 수명을 다해 지구로 떨어지면서 전 세계에 비상이 걸린 적이 있었다. 톈궁 1호도 남태평양에 떨어지면서 인명 피해는 없었다.

지구로 추락 중인 인공위성들

본격적인 우주시대를 맞아 우주 쓰레기 위협은 갈수록 커질 전망이다. 이 때문에 미국, 일본, 스위스 등 세계 여러 나라의 우주개발 기구들은 그물, 로봇 팔, 전기가 통하는 '전자기 밧줄' 등을 이용해 우주 쓰레기를 포획하거나, 우주정거장 등 대형 우주 쓰레기를 소형 위성과 도킹시켜 통제 가능한 상태에서 지구 대기권에서 소각시키는 방안 등을 고민 중이다.

한국천문연구원에 따르면 지구 상공 위 우주에는 약 2만 개 안팎의 인공 우주 물체가 궤도를 돌고 있다. 이 중 1만6844개를 미국, 한국 등 주요국 우주 환경 감시기관이 추적하고 있다. 바꿔 말하면 우주 궤도를 돌고 있는 인공 우주 물체 중 3천 개 이상이 추적조차 안 된다는 얘기다. 여기서 인공 우주 물체란 사람이 만든 지름 10센티미터 이상 크기의 물체를 말한다. 위성 충돌이나 고의적 파괴 등으로 인한 잔해 중에는 지름 1센티

○ 우주 궤도를 도는 인공 우주 물체 현황 ○

	궤도상		추적 가능	이미 추락
	운용 중	퇴역		
인공위성	1980개	2795개	4246개	3276개
잔해물	1만 4778개		1만2598개	2만1042개

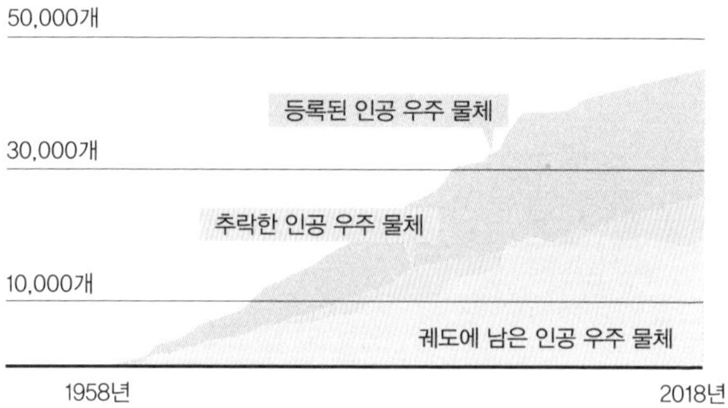

○ 해가 갈수록 늘어나는 인공 우주 물체 ○

미터 이상 크기의 우주 물체도 50만 개에서 100만 개가 있을 것으로 추정된다.

대기가 조금이라도 있는 지구 상공 고도 1500킬로미터 이하를 도는 인공 우주 물체는 언젠가는 지구로 떨어진다. 대기와의 마찰과 지구 중력 때문이다. 높은 곳에 있을수록 대기가 희박해 마찰이 적어 천천히 떨어질 뿐이다. 고도 900킬로미터 궤도를 도는 인공 우주 물체가 자연적으로 떨어지려면 1000년 이상이 걸린다. 400킬로미터로 내려오면 수년 안에, 300킬로미터 안에서는 수개월 만에 떨어진다.

300킬로미터대의 저궤도를 돌고 있는 여러 인공위성이 떨어지지 않는 것은 자체 추력을 가지고 있어 자세를 제어하거나

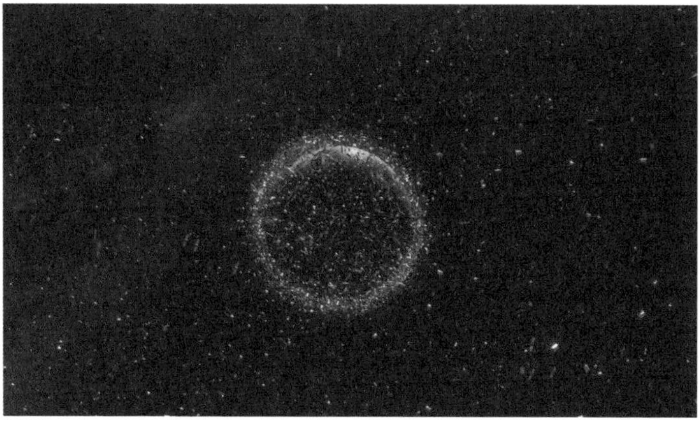

유럽우주국이 만든 우주 쓰레기 이미지. 지름 10센티미터 이상 인공 우주 물체만 2만 개가 넘는다.

궤도를 수정할 수 있기 때문이다. 인공 우주 물체가 고도 78킬로미터에 이르면, 섭씨 3천 도 이상의 마찰열을 이기지 못하고 폭발해 분해된다. 이후로는 이르면 6분, 늦어도 30분 안에 지상에 떨어진다.

그나마 다행인 것은 이 중 대부분의 물체는 초속 7~8킬로미터의 엄청난 속도로 추락하는 도중 대기와 마찰해 불타 없어진다는 점이다. 하지만 크기가 대형 버스 정도에 무게도 8.5톤 이상 나가는 톈궁 1호와 같은 대형 우주 물체는 추락 과정에서도 10~40퍼센트의 파편이 남아 지상으로 추락하게 된다.

50여 년간 인공 우주 물체 파편 5400톤

인공 우주 물체가 위험한 것은 무게와 속도 때문만이 아니다. 1978년 1월 캐나다 서북부에 추락한 소련의 코스모스 954호의 경우 우라늄 235를 사용하는 소형 원자로를 이용해 에너지를 공급받고 있었다. 일반적으로 이런 위성은 임무를 마치면 원자로를 위성에서 분리해 높은 궤도에 내버려 두고, 몇 세기 동안 떠다니게 한다. 하지만 코스모스 954호는 발사 4개월 만에 통제 불능 상태가 되어 추락했다. 당시 추락 지역인 캐나다 앨버타와 서스캐처원 일대에 핵 물질이 흩뿌려져 약 600만 달러에 달하는 제거 비용이 들었다. 그나마 추락 지역에 사람이 살지 않아 인명 피해는 없었지만, 코스모스 954호 잔해의 핵물질은 5분 이상 노출되면 사망에 이를 정도로 위험한 물질이었다.[21]

1983년 1월에는 소련의 정찰위성 코스모스 1402호가 발사 실패로 통제에서 벗어나 추락하기 시작했는데, 거기에도 소형 원자로가 실려 있었다. 5년 전 코스모스 954호 추락 위험을 학습한 전 세계 국가들은 불안에 떨었다. 한국도 당시 추락에 대비해 한국에너지연구소에 대책 본부를 설치하는 등 비상 체제에 돌입했다. 다행히 이 위성의 본체는 인도양에, 원자로는 남대서양에 추락하면서 별 탈 없이 마무리됐다. 인공 우주 물체가 도심 한가운데 떨어진 적도 있다. 옛 소련의 인공위성 스푸트니크 4호의 잔해 중 일부가 1962년 미국 위스콘신주 매니토웍의 도심 한가운데 떨어졌다.

한국천문연구원에 따르면 연간 400여 개 이상의 대형 인공위성과 발사체가 추락하고 있으며, 지속적인 우주개발에 따라 잔해물 개수는 더 증가할 것으로 보인다.[22] 지난 50여 년간 대기권 재진입 과정에서 연소하지 않고 지상이나 바다에 추락한 인공 우주 물체 파편의 총질량은 5400톤에 달하는 것으로 추정된다. 언젠가는 사람이 밀집한 도심에 인공 우주 물체가 떨어져 희생자가 나올 수도 있다. 지금까지는 운이 좋았다.

우주 궤도를 돌고 있는 인공 우주 물체는 지구 위로 추락하는 경우에만 위험한 것이 아니다. 영화 〈그래비티〉에서 보듯,

최대 100만 개에 달한다는 지름 1센티미터 이상의 우주 쓰레기가 총알의 7배에 달하는 초속 7~8킬로미터의 속도로 날아다니며 인공위성 등을 위협하고 있다.

어떤 물체가 우주 공간에서 초속 10킬로미터로 날아가는 지름 1센티미터짜리 구슬과 충돌하면, 지상에서 1.5톤 트럭에 시속 70킬로미터로 받히는 것과 같은 충격을 받는다. 위성의 주요 부분에 이런 충돌이 일어나게 되면 전체적인 기능 장애가 발생할 수 있다. 지름 10센티미터 이상 크기의 우주 파편과 부딪치면 물리적인 손상을 입을 수 있다.

실제로 1996년에는 프랑스 인공위성이 우주 쓰레기에 부딪혀 가동이 중지되는 일이 발생했는데, 우주 쓰레기에 의해 인공위성이 멈춘 첫 번째 사례였다. 국제우주정거장은 우주 쓰레기로 파괴되는 것을 막기 위해 지금까지 10여 차례나 회피 기동을 했다. 회피 기동이란 인공위성이나 우주정거장 등에 설치된 소규모 추진체를 이용해 자세나 궤도 높이를 바꾸는 것을 말한다. 2011년에는 우주 쓰레기가 접근해, 승무원들이 탈출용 우주선으로 대피하는 일이 발생하기도 했다.

위성 간 잦은 교통사고도 쓰레기 원흉

이렇게 발생한 우주 교통사고는 또 다른 수많은 우주 쓰레기를 만들어내기도 한다. 실제로 2009년 2월에는 시베리아 상공 우주에서 미국의 민간 통신위성 이리듐 33호와 러시아의 군사 통신위성 코스모스 2251호가 충돌해 지름 10센티미터 이상 크기의 파편 약 1500개가 새로 생겨났다.

중국은 한술 더 떴다. 2007년 탄도미사일로 노후 기상위성 펑윈(風雲) 1호를 파괴하는 실험에 성공했다. 당시 미사일이 목표물에 명중하면서 3천여 개의 파편이 발생했다. 영화 〈그래비티〉에서도 러시아가 미사일로 위성을 요격해 수많은 파편이 생기고, 그 파편들이 다시 다른 위성을 파괴하는 연쇄 충돌을 일으킨다.

우주과학계에서는 이 같은 현상을 '케슬러 증후군'이라 부른다. NASA 과학자 도널드 케슬러(Donald Kessler)가 1978년 제기한 최악의 시나리오다. 이 현상이 계속될 경우 결국 우주 궤도는 쓰레기로 넘쳐나고 우주 탐사가 불가능하게 되며, 인공위성조차 사용할 수 없게 될지 모른다. 몇 년 전 세상을 떠난 천재 물리학자 스티븐 호킹의 경고대로 언젠가 인류가 지구를 떠나고 싶어도 우주 쓰레기에 막혀 떠날 수 없는 상황이 올 수도 있다는 얘기다.

이 때문에 우주 쓰레기 처리 문제는 미국 등 우주 강국들 사이에서 화두가 되고 있으며, 유엔(UN) 차원의 대책 마련도 본격화하고 있다. 유엔이 채택한 '우주 쓰레기 경감 가이드라인'

에 따르면 3만6천 킬로미터 크기의 정지궤도 위성은 수명을 다하면 우주 밖으로 밀어내고, 2천 킬로미터 이하 저궤도 위성은 수명을 다하기 전에 추락을 유도하는 등 회원국이 구체적 조치를 하도록 명시하고 있다.[23]

조선왕조실록, 세계 천문학계 보물 됐다

초신성 분석한 《네이처》 논문

별은 현재이면서 과거다. 지구와 아무리 가까워도 수 광년은 떨어져 있다는 점도 그렇지만, 각자의 궤도를 가진 별의 움직임 또한 과거와 현재를 이어주는 다리다. 태양계 밖 머나먼 곳에 위치한 별의 움직임은 과거의 과거를 찾아보는 작업이다. 어떻게 이것을 알 수 있을까. 방법이 있다. 역사서가 바로 그것이다.

국제학술지 《네이처》는 2017년 8월 「고유운동을 이용한 서기 1437년 전갈자리 신성 후예의 나이 결정(Nova Scorpius 1437 A.D. is now a dwarf nova, age-dated by its proper motion)」이란 제목의 논문을 게재했다. 미국자연사박물관 천체물리학자이자 큐레이터인 마이클 샤라(Michael Shara) 박사가 이끈 국제 공동연구팀이 작성한 이 논문은 15세기 당시 전갈자리 신성의 기록으로 폭발 시점을 정하고, 이런 추정을 바탕으로 신성이 1000년 단위 기간 연속적으로 폭발하면서 왜소신성(Dwarf Nova)으로 진화하는 과정을 밝혀냈다.

우주 속 별이 우리의 태양처럼 홀로 존재하는 경우는 소수에 불과하며 두 개 이상이 함께 존재하는 경우가 많다. 이런 쌍성계의 한 별이 짝을 이룬 다른 별로부터 빛을 만들 수 있는 물질을 재공급받으면 별이 갑자기 밝아지는데 이런 별을 신성(新星, Nova)이라 한다. 밝아지는 정도가 신성보다 낮으면 왜소신성, 훨씬 크면 초신성이라 한다.

580년 전 발생한 천문 현상을 21세기 서구 천체물리학자들이 어떻게 분석할 수 있었을까. 그 답은 논문 안에서 찾을 수 있다. 논문은 "한국 왕실 천문학자들이 기록한 옛 신성 중 하나가 1437년 3월 11일 폭발했다"고 적고 있다. 이 내용의 원전은 『조선왕조실록』 세종 19년 2월 5일(음력)의 기록이다.

> 유성이 하늘 가운데에서 나와서 동북쪽으로 향하여 들어갔는데, 꼬리의 길이가 4, 5척이나 되었다. 햇무리를 하였는데 양쪽에 귀고리를 하였고, 객성(客星)이 처음에 미성(尾星)의 둘째 별과 셋째 별 사이에 나타났는데, 셋째 별에 가깝기가 반 자 간

격쯤 되었다. 무릇 14일 동안이나 나타났다(流星出自天中, 向東北入, 尾長四伍尺° 日暈, 兩珥° 客星始見尾第二三星間, 近第三星, 隔半尺許, 凡十四日).

해석하자면, 밤하늘에 갑자기 객성, 즉 기존에 보이지 않던 '손님별'이 나타났다는 것이다. 이 손님별의 비밀은 바로 전갈자리 근처에서 일어났던 '신성' 현상이었다.

천문은 중국, 일본보다 한국 기록이 더 정확

한국의 고천문(古天文)이 세계 천문학의 보고(寶庫)로 받아들여지고 있다. 전 세계에서 유례를 찾아보기 힘들 정도의 상세한 기록 문화를 보유하고 있기 때문이다. 『삼국사기』와 『고려사』 『조선왕조실록』 『승정원일기』가 대표적이다. 사서 속에는 일식과 월식은 물론 혜성과 신성, 태양의 흑점 등이 기록돼 있다. 번역이 20퍼센트 정도밖에 이루어지지 않은 『승정원일기』는 금맥의 존재는 알지만 아직 파보지 못한 노다지 광산과 같다. 다양한 천체의 기록을 보여주는 『조선왕조실록』이 바로 『승정원일기』를 바탕으로 하기 때문이다. 동양천문학사국제회의와 같은 국제천문학계는 『승정원일기』라는 보물상자가 활짝 열리기를 기다리고 있다.

중국은 한국보다 더 오래된 역사서를 보유하고 있지만, 왕조가 단명하면서 역사 기록의 일관성과 신뢰성이 떨어진다는 평가를 받는다. 반면 우리는 조선 왕조가 519년, 고려도 475년을 존속했다. 『조선왕조실록』과 『고려사』는 이런 긴 왕조 역사의 기록이다.

영국 과학사학자 조지프 니덤(Joseph Needham, 1900~1995)은 "한국(조선) 천문학은 동아시아 천문학 전통의 독창적인 민족적 변형이었고, 한국 천문학이 만들어낸 각종 천문의기와 기록은 세계 과학사의 귀중한 유산"이라 평가했다. 천문은 중국과 일본의 일식 기록보다 고구려, 백제의 기록이 더 정확했다고 역사서에 기록될 정도로 세계 최고 수준이다.[24] 우리 조상은 세계적으로 귀중한 기록으로 평가받는 『세종실록』에 1437년 전갈자리 신성과 『선조실록』의 1604년 케플러 초신성을 남기는 등 정확한 관측 능력을 보유했다.

대전 유성에 있는 한국천문연구원의 고천문연구센터는 이 같은 우리 땅 고천문 연구의 산실이다. 연구원 캠퍼스 안쪽 전파천문대가 자리 잡은 야산에 올라서면 '이원철 홀'이라는 이름표를 단 3층 건물이 있다. 한국 최초의 이학박사이자 천문학자인 이원철(1896~1963)의 이름을 따왔다.

2018년 4월 문을 연 고천문연구센터는 옛 천문기기를 복원하고 역사적 관측 기록을 수집하고 분석하며, 이런 자료가 현

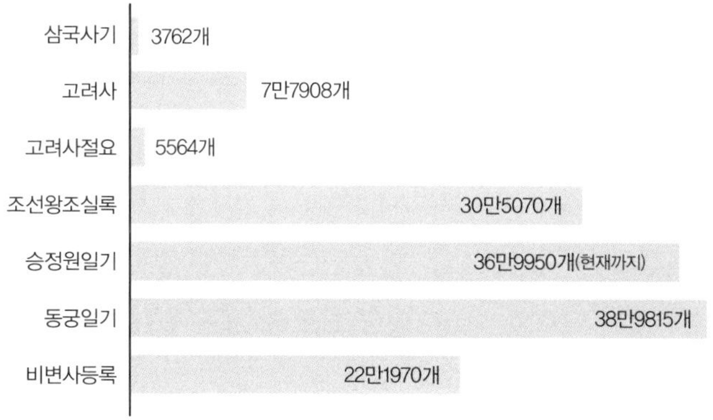

○ 우리 역사 속 천문 관측 기록 글자 수 ○

대 천문 현상에 활용될 수 있도록 정보화하는 등의 연구를 하고 있다. 2019년 5월 한국천문연구원은 「고전 속 천문과 기상 기록으로 태양 활동과 기후변화를 알아내다」라는 제목의 발표 자료를 통해 고천문연구센터의 연구 활동을 알렸다. 연구팀이 『고려사』와 『조선왕조실록』에서 흑점에 대한 55군데 기록을 찾아, 태양의 활동주기를 연구한 보고서다. 이 연구를 통해 현재까지 잘 알려진 태양 활동의 주기인 11년과 60년 외에 240년의 장주기가 있음이 확인됐다. 또 이런 태양의 장주기 활동이 과거 기후변화와 밀접한 연관성이 있음이 증명됐다.

인공지능을 이용한 『승정원일기』 번역

한국천문연구원에 고천문 연구의 싹이 튼 지는 더 오래됐다. 2008년 센터장을 맡은 김상혁 박사가 옛 천문기기 복원의 임무를 맡아 천문연구원에 들어오면서 고천문연구그룹이 처음으로 만들어졌다. 이원철홀 1층 '전통천문기기복원실'이라는 조그만 방에 들어서면 사진으로만 봤던 혼천의, 간의 등의 축소 모델과 『조선왕조실록』, 한창 복원 작업 중인 역사 속의 물시계 등이 놓여 있다.

최근에는 인공지능을 이용해 『승정원일기』 등의 고천문 기록을 번역하는 사업을 벌이고 있다.[25] 사람의 힘으로 『승정원일기』를 번역하려면 앞으로도 35년이 걸리지만, 인공지능은 번역 시간을 획기적으로 줄여줄 것이다. 『승정원일기』 중 아직 번역되지 않은 80퍼센트에서 어떤 천문기록 쏟아져 나올지 헤아리기 어렵다. 아마도 『조선왕조실록』보다 최소 네 배 이상의 천문 기록이 있을 것으로 기대된다.

우리 민족은 어떻게 이런 천문 기록을 남길 수 있었을까. 혼천의와 간의 등 조선 세종대왕(1397~1450) 시절에 쏟아져 나온 천문 관측기기가 결정적 역할을 했다. 서구 천문학을 비약적으로 발전시킨 천체망원경도 아직 발명되지 않던 시절이다. 세종은 1432년부터 1438년까지 조선의 독자적 역법(曆法) 체계를 완성하기 위해 천문의기 제작과 시계 제작 사업을 펼쳤다. '천

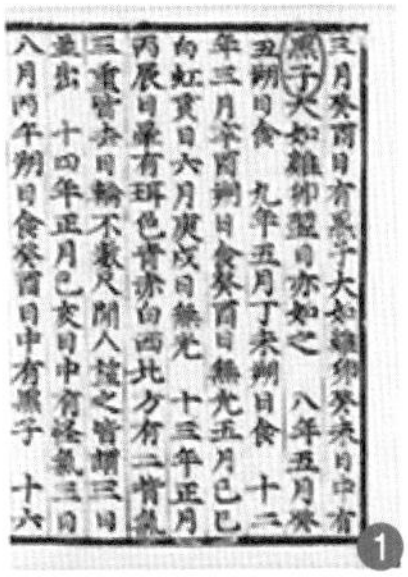

三月癸酉日有黑子大如雞卵癸未日中有
黑子大如雞卵翌日亦如之 八年五月癸
丑朔日食 九年五月丁未朔日食 十二
年三月辛酉朔日食癸酉日無光五月己巳
白虹貫日六月庚戌日無光 十三年正月
丙辰日暈有珥色皆赤白西北方有二背氣
三重背赤日輪不表尺閒人望之皆瞻三日
並出 十四年正月己亥日中有怪氣三日
八月丙午朔日食癸酉日中有黑子 十六

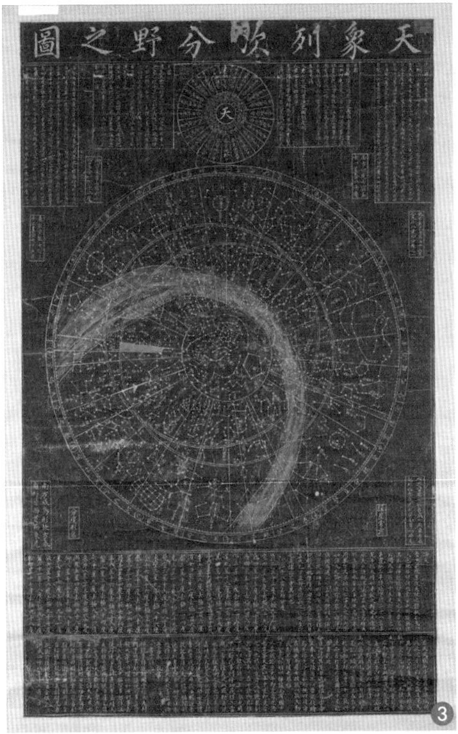

① 『고려사』에는 태양의 흑점 활동이 기록돼 있다.
② 『조선왕조실록』에는 세종 19년(1437년) 3월 11일 전갈자리 신성 폭발이 묘사돼 있다.
③ 하늘의 별과 행성의 모습을 담은 〈천상열차분야지도〉는 1247년에 만들어진 중국 쑤저우의 천문도에 이어 세계에서 둘째로 오래됐다.

손'(天孫)인 왕의 권위를 지키기 위해서는 일식과 월식을 정확히 예측해야 했다. 백성의 일상생활과 농사에는 시계와 달력도 필요했다. 하지만 매년 한 차례 중국에서 받아오는 역서는 조선의 하늘과 차이가 있었다.

천체의 위치를 정밀하게 측정할 수 있는 간의는 원래 중국에서 개발한 것이었는데 조선의 과학자들은 한양의 위도에 맞도록 간의를 개량했다.[26] 여기에 더해 실용성과 이동성을 겸비하도록 새로운 형태의 소간의도 제작했다.

조선 선비들이 지니고 다닌 소형 해시계

해시계 앙부일구와 물시계 자격루, 옥루 등은 천체 관측 기기를 바탕으로 태양과 별의 운행을 살펴보고 이런 규칙적 움직임을 통해 시간을 파악해 만들어낸 작품이다. 조선의 선비들은 요즘 스마트폰보다 작은 크기의 시계도 가지고 다녔다. 직육면체 모양에 나침반과 초소형 앙부일구를 담은 것이다. 나침반으로 방향을 맞추고 앙부일구에 떨어지는 해그림자를 통해 시간을 읽었다.

그러나 500여 년 전 꽃을 피웠던 우리 민족의 천문학은 현대 학문으로 이어지지 못했다. 일제 강점기와 한국전쟁을 거치면서 천문학 역사의 연결고리가 끊어졌기 때문이다. 전통 관측기기와 같은 수많은 천문 유산들이 소실되고 해외로 반출됐다.[27] 70여 년간 분단국가로 남게 되면서 북한의 실태가 정확히 파악되지 못한 것도 한국 천문학의 아픔이지만, 이는 고천문연구센터의 동력이기도 하다.

생물다양성과 AI에 관한 과학

2부

인간의 한계에 도전하다

/ 들어가며 /

복제인간과 인공지능은 인류를 대체할 수 있을까

영화 〈아일랜드〉와 드라마 〈6백만 달러의 사나이〉는 공통점이 있다. 두 작품 모두 인류, 즉 호모사피엔스가 과학기술을 통해 한계를 넘어서려 한다는 점이다. 『사피엔스』의 저자 유발 하라리가 제기한 의문처럼, 가장 연약했던 호모사피엔스가 지구 정복자가 된 것은 지능을 바탕으로 한 과학기술의 진보 덕분이다. 불을 발견하고 이용하는 방법을 찾아내 추위와 두려움에서 벗어났고, 바퀴를 발명해 무거운 물건을 옮기고 사람을 실어날랐다. 문자를 발명해 선대로부터 구전돼온 지식을 정리하고 후대에 물려주었다. 문자가 아니었으면 지식의 축적과 전수는 있을 수 없었다. 그렇게 지구 생

영화 〈아일랜드〉는 복제인간이 진짜 인간에 맞서 자유를 찾는 과정을 다룬다.

태계 속 연약하디 연약했던 호모사피엔스는 기술과 지식을 쌓아 올려 만물의 영장이 됐다.

아직 실현하지 못한 상상의 세계

20세기 이후 인류는 그간의 지식 축적과 비교할 수 없을 정도로 급격한 과학기술 진보를 이루어내고 있다. 영화 〈아일랜드〉와 드라마 〈6백만 달러의 사나이〉는 과학기술의 특이점을 향해 가는 인류의 발전과 함께 그 안의 불안과 갈등까지 담아내고 있다. 물론 아직 실현하지 못한 혹은 실현하고 싶지 않은 상상의 세계이지만.

〈아일랜드〉는 2005년 개봉한 마이클 베이 감독의 SF영화다. 서기 2019년 버려진 황야 속 지하 요새. 전 지구적 재앙으로 자신을 포함한 수백 명의 사람만 살아남았다고 믿는 주인공 링컨 6-에코와 조던 2-델타가 어느 날 자신들의 정체에 관한 진실을 깨닫고 요새를 탈출한다는 내용이다. 이들의 정체는 복제인간으로 고객에게 장기를 비롯한 신체 부위를 제공할 목적으로 복제돼 격리된 환경에서 생활하고 있었다. 때가 되면 '선발'돼 신체 부위를 제공하기 위해 무참히 죽음을 맞이해야 하는 운명인 것이다.

〈6백만 달러의 사나이〉는 1974년 시작해 1978년 종영한 미국 드라마다. 주인공 스티브 오스틴은 우주비행사였으나 불의의 사고로 왼쪽 눈과 오른팔, 두 다리를 잃었다. 하지만 첨단 기술을 활용한 이식 수술 덕분에 초인(超人)으로 거듭난다. 20배 줌과 열 감지 기

미국 드라마 〈6백만 달러의 사나이〉에는 첨단 생체공학의 도움을 받아 초능력자로 다시 태어난 남자의 활약상이 담겨 있다.

능을 갖춘 생체공학 눈, 자동차도 들어올릴 수 있는 인공 팔, 시속 100킬로미터로 달릴 수 있는 인공 다리로 무장한 '6백만 달러짜리' 사나이 스티브가 악당을 소탕한다는 내용이다.

현실로 다가온 복제인간과 장기이식

두 작품에는 근본적인 차이점도 존재한다. 〈6백만 달러의 사나이〉는 1970년대 과학기술로는 기대할 수 없는, 그래서 부담 없이 상상할 수 있는 희망적인 먼 미래를 담았다. 20세기 인류가 그린 서기 2000년은 유토피아에 가까웠다. 이른바 기술이 사회제도의 성격과 사회 계급적 관계를 규정하는 결정적 요인이라고 보는 기술결정론과 기술이 사회문제를 해결해줄 수 있다는 기술 낙관주의 같은 것이다. 이런 생각은 과학기술 발전 속도가 상대적으로 더뎠던 20세기 초반에 가까울수록 더했다. 하지만 앨빈 토플러의 저서 『미래 쇼크』처럼 인류가 적응하기 힘들 정도로 과학기술 발전 속도가 빨라지는 세상이 다가왔다.

〈아일랜드〉는 1996년 세계 최초의 포유동물 복제로 화제가 된 복제 양 돌리 이후 현실로 다가온 '복제'에 대한 인류의 공포를 담았다. 실제로 21세기에 접어들면서 인류는 눈부시게 발전한 과학기술에 대한 경탄과 동시에 두려움을 갖기 시작했다. 영원불멸의 세상을 꿈꾸는 '냉동 인간' 프로젝트가 미국과 러시아는 물론 한국에서도 시작됐다. 아직은 죽은 사람을 대상으로 한 실험에 불과하지만, A씨 머리와 B씨 몸을 연결하는 SF 같은 일이 실제로 벌어지고 있다. 사지가 마비된 환자의 머리와 불의의 사고로 죽은 다른 사람의 몸을 붙여 '정상인'을 만들겠다는 게 이들의 목표다.

중국의 한 생명과학자는 유전자 가위로 질병을 교정한 인간 배아를 착상시켜 정상적인 아이로 세상에 태어나게 했다. 세상은 뛰어난 과학기술에 환호하지 않았다. 인간 생명 윤리를 넘어선 그의 무모함에 경악하고 비판했다. 지금쯤 그는 중국의 어느 차디찬 감옥에 누워, 자신을 몰라주는 세상을 원망하고 있을지 모를 일이다.

과학기술은 그렇게 결핍 혹은 호기심으로 시작해 욕망으로 발전하고, 기술로 구현됐다가 저항을 받기도 하면서 보편화하는 과정을 거친다. 인류는 진정 어디를 향해 가고 있는 것일까. 디스토피아일까, 유토피아일까.

유전자 편집 아기 실험은 계속된다

디자이너 베이비의 위험

한 번 열려버린 판도라 상자는 닫을 수 없는 걸까. 생명 윤리 논란에도 '디자이너 베이비'(Designer Baby)를 탄생시키기 위한 시도는 계속되고 있다. 디자이너 베이비란 시험관 속 인간 배아 유전자를 원하는 대로 편집해 질병을 고치거나, 특정 기능을 강화하는 방법으로 태어난 아기를 말한다.

《네이처》는 2019년 6월 러시아 분자생물학자 데니스 레브리코프(Denis Rebrikov)가 HIV 바이러스를 수용하는 CCR5 유전자를 인간 배아에 편집해 HIV 양성 반응을 보이는 여성에게 착상시키는 실험을 구상 중이라고 소개했다. 모스크바 소재 쿨라코프 국립산부인과연구센터 유전자편집연구소 소장인 레브리코프의 계획이 실현된다면, 2018년 11월 중국 유전학자 허젠쿠이(賀建奎)가 인간 배아 유전자를 편집해 쌍둥이 맞춤형 아기를 탄생시킨 이후 두 번째가 된다.

당시 선전의 남방과기대학 교수였던 허젠쿠이는 홍콩에서 열리는 제2회 국제인류유전자편집회의 개회를 하루 앞두고, 유전자 가위를 이용해 후천성면역결핍증(AIDS)을 일으키는 HIV 바이러스 감염을 막기 위해 특정 유전자를 제거한 쌍둥이를 출산하는 데 성공했다고 밝혔다. 중국 언론에 따르면 허젠쿠이의 연구 결과로 선전의 한 대학병원에서 루루(露露), 나나(娜娜)라

중국과학원 신경과학연구소가 공개한 유전자 편집 원숭이. 유전자 편집으로 인해 정신 질환을 안고 태어난 원숭이를 복제해 다섯 마리의 원숭이를 탄생시켰다.

는 이름을 가진 쌍둥이 여자아이 두 명이 건강하게 태어났다.

당시만 해도 유전자 편집을 통해 태어난 원숭이는 있었지만, 인간은 없었다. 과학기술을 넘어서 인간 생명 윤리의 문제였기 때문이다. 생명과학 기술이 가장 앞선다는 미국은 물론, 대부분의 국가에서는 아직 유전자 편집 아기의 출산을 허용하지 않고 있다.

구속력 없는 연구 중단 선언

허젠쿠이 사태는 당시 거센 생명 윤리 논란을 불러일으켰다. 전 세계 7개국 열여덟 명의 생명과학자는 2019년 3월《네이처》에 "향후 최소 5년간 인간 배아의 유전자 편집과 착상을 전면 중단하고 이 같은 행위를 관리 감독할 국제기구를 만들어야 한다"는 내용의 공동 성명을 발표했다.

모라토리엄을 선언한 과학자 가운데는 크리스퍼 유전자 가위 기술을 개발해 2020년 노벨화학상을 공동 수상한 에마뉘엘 샤르팡티에(Emmanuelle Charpentier) 독일 막스플랑크연구소 교수도 포함돼 있었다. (크리스퍼 유전자 가위란 유전자의 특정 부위를 절단해 유전체 교정을 가능하게 하는 RNA 기반 인공 제한 효소를 말한다.) 이들은 인위적으로 DNA에서 특정 질병 유발 유전자를 제거하는 것은 '유전자 교정'이 아닌 '유전자 강화'에 해당하므로, 안

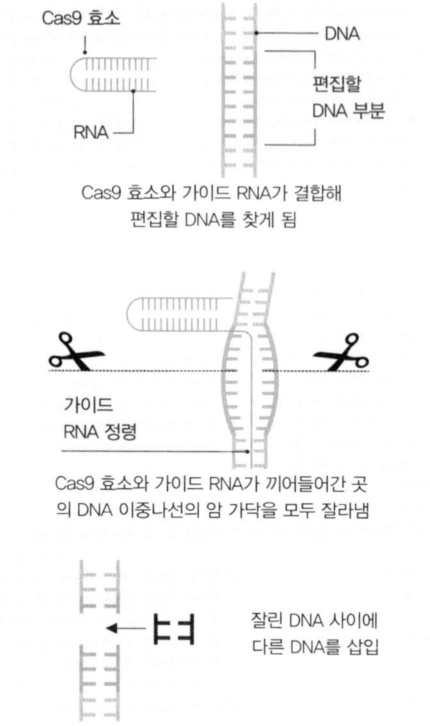

○ 크리스퍼 유전자 가위 원리 ○

전성이 검증될 때까지 임상 적용이 엄격히 금지돼야 한다고 강조했다. 원하는 유전자를 제거하지 못하는 표적 이탈 문제 등을 우려한 것이다.

하지만 모라토리엄은 일부 과학자들 사이 약속에 불과할 뿐 아무런 구속력도 가지지 못했다. 아니나 다를까, 레브리코프 발표로 가라앉는 듯했던 논란이 다시 불거졌다. 레브리코프는 허젠쿠이 연구의 한계점을 지적했다. 당시 허젠쿠이가 편집해 착상시킨 배아는 남성이 HIV 양성인 경우였지만, 에이즈는 여성이 HIV 보균자일 경우 유전될 확률이 더 큰 만큼, 이 가능성을 차단하기 위한 임상시험이 필요하다는 주장이었다.

실제로 레브리코프는 "모스크바에 있는 에이즈센터와 함께 HIV 감염 여성들을 모집하기로 합의했다"고 밝혔다. 《네이처》에 따르면 해당 실험에 대한 러시아 당국의 규제가 모호해 이를 제재할 수 있을지 불분명한 상황이었다. 레브리코프뿐 아니라 2019년 6월에는 아랍에미리트 두바이의 한 불임 클리닉도 허젠쿠이에게 접촉해 유전자 교정에 대해 가르쳐달라고 요청하기도 했다.

디자이너 베이비 기다리는 사람 적지 않아

한 번 깨진 약속은 지키기 어렵다. 특히 유전자 가위 기술처럼 연구에서 선두 경쟁이 치열하고, 유전 질환으로 고통받는 환자가 많은 경우엔 더욱 그렇다. 생명과학자 중에는 허젠쿠이처럼 유전자 편집 아기를 출산시키는 연구는 아니지만, 인간 배아의 유전자 편집과 이를 통한 아기 탄생을 기다리는 사람이 많다.

미국 생물학자 슈크라트 미탈리포프(Shoukhrat Mitalipov)가 대표적이다. 그는 수의학자 황우석 박사가 성공하지 못했던 인간 배아 줄기세포 복제에 세계 최초로 성공했다. 2017년에는 크리스퍼 유전자 가위 분야 세계적 권위자 김진수 기초과학연구원(IBS) 유전체교정연구단장과 함께 인간 배아 유전자 편집에 성공해 다시 한번 세계의 이목을 끌기도 했다. 미탈리포프는 법이 허용한다면 교정된 인간 배아를 정상적인 아이로 키워내는 것이 최종 목표라며, 연구에 그치지 않고 인간 유전병 치료까지 시도해보고 싶다고 포부를 밝혔다.

원하든 원치 않든 간에 디자이너 베이비 세상은 시간문제일 뿐 결국 닥칠 것이다. 하지만 그 시기는 앞으로 최소 10~20년 후가 되리라는 전망이다.[1] 아직은 사회적으로 디자이너 베이비를 받아들이기 힘들 뿐 아니라, 유전자 가위 기술의 정확도가 그 정도에는 미치지 못하기 때문이다. 설령 기술적으로 가능한 시대가 오더라도 디자이너 베이비는 질병 치료 차원에 국한해야 할 것이다. 유전자 교정으로 지능이나 미모 등 특정 기능이 강화된 아이를 만드는 건 현재 인류로서는 받아들이기 힘든 일이기 때문이다.

시험관 아기, 세 부모 아기도 논란 속에 시작

사실 첨단 생명과학 기술에 대한 윤리 논쟁은 처음 있는 일이 아니다. 지금은 당연시되는 시험관 아기도 처음에는 충격 그 자체였다. 연구가 시작된 건 1960년대의 일이다. 영국 생리학자 로버트 에드워즈(Robert Edwards)가 체외에서 난자를 성숙시키는 연구를 시작했다. 그리고 1969년에 인간 난자와 정자를 이용해 체외수정을 한 연구 결과를《네이처》에 실었다.

이 일이 불러온 사회적 파장은 어마어마했다. 종교계 지도자와 과학자 일부는 에드워즈의 연구가 윤리적으로 문제가 있다며 중단할 것을 주장했고, 이 때문에 한때 연구기금 지원이 중단되기도 했다. 그러던 중 1978년 7월 첫 시험관 아기가 탄생했다. 급기야 교황청은 1987년 〈인간 생명의 기원과 출산의 존엄성에 관한 훈령(Congregation For The Doctrine Of The Faith)〉을 발표하고 에드워즈 연구를 강하게 비판했다. 그럼에도 시험관 아기 시술은 전 세계적으로 빠르게 퍼져나갔고, 한국에서도 1985년 서울대 장윤석 교수 연구팀이 처음으로 시험관 아기 출산에 성공했다. 지금까지 전 세계적으로 300만 명 이상의 아이가 시험관 시술로 태어났다. 에드워즈는 이 같은 공로를 인정받아 2010년 노벨생리의학상을 수상했다.

최근 연이어 성공하고 있는 '세 부모 아기'(Three-parent Baby) 역시 첨단 생명과학 기술을 둘러싼 윤리 논쟁의 결과다. 2016년 6월 미국 의료진이 멕시코에서 세계 최초로 세 부모 아기를 출산시키는 데 성공했고, 2019년 4월에는 그리스에서 두 번째 세 부모 아기가 탄생했다.

영국 뉴캐슬대학 신경학자 더글러스 턴불(Douglass Turnbull)이 2005년 국제학술지《란셋(The Lancet)》에 세 부모 아기 시술과 관련한 논문을 실으면서 논쟁이 시작됐다. 당시 영국에서는 매년 200명에 한 명꼴로 미토콘드리아 변이 유전자를 물려받은 아이가 태어나고 있었다. 논문이 발표되자 절망적인 현실을 과학기술로 극복할 수 있다는 희망과 자연의 섭리를 거스르는 생명공학 기술에 대한 찬반 논란이 뜨거웠다. 결국 영국 하원은 2015년 2월 세 부모 아기 시술을 허용하는 인간생식배아법 수정안을 통과시켰고, 영국 인간생식배아관리국(HFEA)은 2016년 12월 세계 최초로 세 부모 아기 시술을 승인했다.

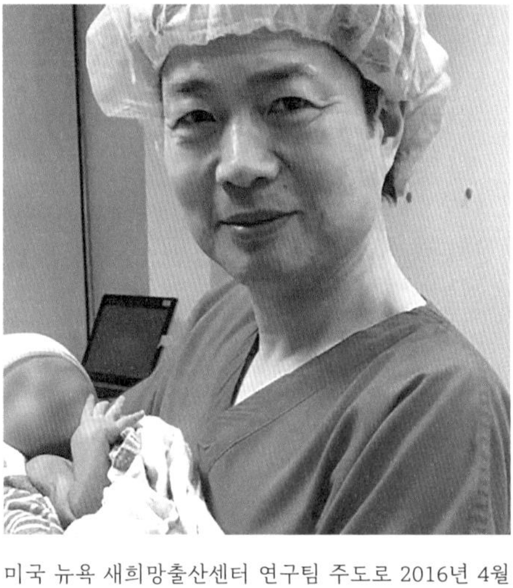

미국 뉴욕 새희망출산센터 연구팀 주도로 2016년 4월 멕시코에서 어머니가 둘, 아버지가 한 명인 '세 부모 아기'가 태어났다.

세 부모 아기 시술은 모계로만 유전되는 미토콘드리아 DNA에 이상이 있을 때 실시한다. 뇌 손상이나 근육 위축, 시력 상실 등의 유전 장애가 생길 수 있는 모계 유전 질환 대물림을 막기 위해, 미토콘드리아 DNA에 문제가 있는 여성의 난자에서 핵만 빼낸 뒤 기증자 여성의 핵을 빼낸 정상 난자에 주입하고 이후 남성의 정자와 체외수정을 한다. 이렇게 태어나는 아기는 어머니와 아버지 외에도 난자를 제공하는 여성까지 세 명의 유전자를 받게 돼, 세 부모에게서 태어난 아기가 된다.

연구소에서 태어나는 모든 과학기술이 실용화 단계까지 갈 순 없다. 그러나 과거 사례에 비추어보면 사회적으로 수요가 많고, 경제적으로도 수용 가능할 경우 도중에 윤리 논쟁을 겪더라도 결국에는 보편 기술로 받아들여진 것을 알 수 있다.[2]

전신 마비자 머리에 뇌사자 몸 이식한다

인간 머리 이식 수술

두 남자가 있다. 한 사람은 교수, 다른 한 사람은 외과의사이자 조수다. 두 사람은 분리된 신체 부위의 생명 유지와 관련한 의학적 문제를 연구하고 있다. 어느 날 조수는 사고를 가장해 교수를 죽인 뒤 연구를 위해 머리만 다시 살려낸다. 실험은 계속된다. 조수는 젊은 여성의 머리에 다른 사람의 몸을 붙인다. 몸의 주인은 머리만 남아 살아있는 교수 아들의 여자친구. 이 모든 비밀을 지켜본 교수의 머리는 어느 날 자신을 찾아온 사람들에게 진실을 폭로한다. 조수는 수치심을 이기지 못해 결국 스스로 목숨을 끊는다.

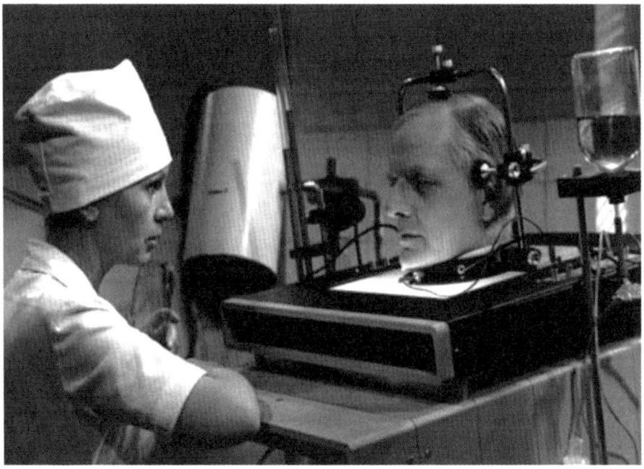

1985년 당시 소련에서 개봉된 SF영화 〈도웰 교수의 증언〉 중 한 장면. 알렉산드르 벨랴예프의 1925년 작품 『도웰 교수의 머리』를 영화화했다.

러시아 SF작가 알렉산드르 벨랴예프(Aleksandr Belyaev, 1884~1942)의 SF소설 『도웰 교수의 머리』의 줄거리다. 벨랴예프는 구 소련 최초의 SF작가로서 'SF의 아버지'라고 불리었으며 생물학, 의학, 물리학, 우주공학 등 폭넓은 영역을 다루었다.

세계 최초 인간 머리 이식 수술하는 '헤븐 프로젝트'

한 세기 전 SF소설이 현실이 되고 있다. 머리 아래로 전신이 마비된 장애인의 머리와 뇌사자의 몸을 연결해 정상적인 '한 사람'을 만들어내는 것이다. 이탈리아 신경외과 전문의 세르지오 카나베로(Sergio Canavero)와 중국 하얼빈대 의과대학 신경외과 교수 런샤오핑(任曉平)의 '헤븐 프로젝트'(Heaven Project)가 그것이다. 헤븐은 'The HEAd anastomosis VENture Project'(머리 접합 벤처 프로젝트)를 줄여서 만든 이름이다.

세상이 경악할 이 프로젝트에는 한국인 의학자 건국대 의학전문대학원 김시윤 교수도 참여하고 있다. 그는 수의대를 졸업하고 의과대학에서 척추 손상 연구로 박사학위를 받은 후 동물실험을 통해 끊어진 척추신경을 연결하는 연구를 해오고 있다. 김 교수는 "중국 하얼빈대를 중심으로 프로젝트가 진행되고 있는데 세간에서 '불가능한 일'이란 비판이 많지만, 우리 팀은 기술적으로 충분히 가능할 것으로 본다"고 말했다.

2017년 11월에는 카나베로 박사가 이탈리아 베네치아에서 기자회견을 열고 "런샤오핑 교수팀과 18시간에 걸친 수술 끝에 세계 최초로 시신의 머리를 이식하는 데 성공했다"고 밝혔다. 수술은 2단계로 진행됐는데, "한 사람의 시신에서 머리를 자른 뒤 '폴리에틸렌 글리콜'(PEG, Polyethylene Glycol)이라는 생물학적 접착제로 신경과 혈관을 다른 사람 시신의 몸에 붙이는 방식으로 이루어졌다. 과학계는 이식한 머리와 몸이 제 기능을 발휘하지 않는 한 의미가 없다는 반응이었다. 하지만 카나베로 박사는 신경 전기자극을 통해 수술이 성공했다는 것이 입증됐다면서, 두 사람이 완벽하게 한몸이 되었다고 주장했다.

시신 머리 이식 수술은 헤븐 프로젝트의 최종 목표를 향하는

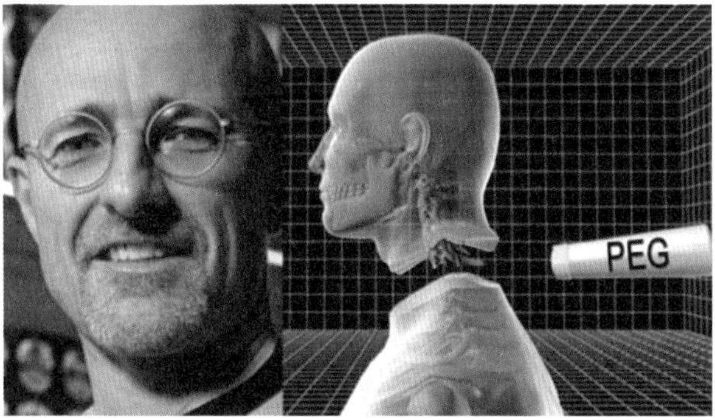

이탈리아 신경외과 전문의 세르지오 카나베로가 세계 최초 인간 머리 이식 수술에 성공했다고 밝혔다.

과정 일부다. 다음 순서는 시신이 아닌 뇌사 판정을 받은 두 사람의 머리와 몸을 연결하는 것이다. 여기까지 성공한다면, 그 다음은 최종 목표인 살아있는 사람의 머리와 뇌사 판정을 받은 사람의 몸을 연결하는 것이다.

앞서 2016년 카나베로 박사는 《뉴욕타임스》 등과의 인터뷰에서 "2017년 안에 머리 이식 수술을 진행할 계획"이라고 공언한 바 있다. 목숨을 걸고 수술받겠다는 자원자도 나타났다. 척수성근위축증으로 사지가 마비된 러시아의 컴퓨터 프로그래머 발레리 스피리도노프였다. 그는 증상이 점차 악화하면서 절박한 심정으로 머리 이식에 희망을 건 것으로 알려졌다. 하지만 2017년 12월이 지나도록 그 약속은 지켜지지 않았고 해가 바뀌어도 카나베로 박사가 수술에 성공했다는 소식은 전해지지 않았다. 김 교수는 120억 원에 달하는 수술 비용을 확보하지 못했고, 법적인 문제도 해결하지 못했기 때문이라고 설명했다.

이제 헤븐 프로젝트 주도권은 중국의 런샤오핑 교수에게 넘어갔다. 수술 대상도 러시아인 프로그래머에서 사지 마비 중국인으로 바뀌었다. 김 교수는 "런샤오핑 교수는 중국 정부에서 연간 16억 원 이상 연구비를 지원받고 있다"며 정확한 시점은 밝힐 수 없지만 조만간 수술에 성공할 수 있다고 말했다. 생명과학 연구 규제에서 자유롭고, 동물 실험 대상인 영장류 자원도 풍부하다는 점에서 중국은 인간 머리 이식 수술에 유리한 조건을 갖추고 있다.

제도권 과학계와 의학계의 부정적 평가

헤븐 프로젝트가 시작된 것은 2013년이다. 카나베로 박사가 머리 이식이 가능하다는 논문을 발표한 것이 계기였다. 김 교수는 서울대에서 박사후연구원을 하던 2014년 봄 카나베로 박사 논문을 읽고 프로젝트에 동참했다. 중국의 런샤오핑 교수는 동물의 머리 이식 수술 등으로 독자적인 연구를 해오다가 2015년 역시 프로젝트에 합류했다.

하지만 헤븐 프로젝트에 대한 과학계와 의학계의 평가는 냉혹했다. 카나베로 박사는 서구 의과학계에서 '프랑켄슈타인 박사'라고까지 불린다. 서울아산병원에서 장기이식 수술을 하는 한 교수에 따르면, 말초신경과 달리 머리와 연결되는 중추신경은 끊었다가 붙여서 다시 살릴 수 없다는 게 의학계의 공통된 의견이다. 물리적으로 연결했다고 이식에 성공했다고 말할 수 없는 것이다. 또 머리 이식 수술을 위해서는 살아있는 사람의 머리를 잘라야 하는데 이는 명백한 살인 행위다. 다른 사람의 몸과 머리를 갖다 붙인다는 것은 윤리적으로도 받아들이기 어려운 일이다.

이에 대한 헤븐 프로젝트팀의 반박 논리는 이렇다. 김 교수는 머리 이식 수술의 핵심은 혈관과 중추신경의 연결이라고 말한다. 살아있는 머리 주인의 혈관을 절단한 뒤 뇌사자의 몸 혈관과 연결하는 데 걸리는 시간은 10초도 채 걸리지 않으리라고 계산하는데, 살인이란 표현은 적절치 못하다는 의견이다. 한국에서도 2017년 2월 정부 허락하에 팔 이식 수술을 성공적으로 마친 사례가 나왔다. 사지를 움직일 수 없어 평생을 고통받고 있는 환자 입장에서는 뇌사자의 사지를 이식받는 것과 윤리적으로 크게 다르지 않다.

한국 장기이식 수술, 시작은 늦었지만 세계 정상급

국내 장기이식 수술 수준은 어느 정도일까. 가톨릭대 의과대학이 1966년 국내 최초로 각막 이식에 성공한 데 이어 1969년 신장 이식에도 성공하면서 국내에 장기이식 수술시대를 열었다. 이후에도 가톨릭대 의과대학이 1983년 조혈모세포 이식, 1988년 서울대 의과대학이 간 이식 수술을 국내에서 처음으로 성공했다.

한국 의료계의 장기이식 수술은 이제 세계 정상 수준이다. 특히 장기이식 수술 중 가장 까다롭다는 간 이식 수술은 세계 정상급이다. 서울아산병원 간이식·간담도외과 이승규 교수가 그 주인공이다. 이 교수는 1994년 국내 첫 소아 생체 간 이식 수술에 성공했으며, 2011년부터 간 이식 수술을 세계 최다 수준인 연평균 400건씩 해냈다. 2017년 6월에는 총 5천 건의 수술 성공 사례를 달성하는 기록을 세웠다. 2000년에는 세계 최초로 2 대 1 간 이식 수술법을 개발하기도 했다. 이 같은 성과가 알려지면서 매년 40여 개국에서 400~500명의 의료진이 생체 간 이식 기술을 배우러 올 정도다.

간 이식은 조직이 큰 데다 출혈이 많아서 장기이식 수술에서 가장 어려운 분야다.[3] 심장 이식은 대동맥과 정맥 같은 굵은 혈관만 연결하면 되기 때문에 간 이식에 비하면 기술적으로 덜 복잡한 수술이라고 할 수 있다.

이제 한국 의료계의 이식 수술은 장기를 넘어 팔, 다리 등 복합 조직을 붙이는 수준까지 확대되고 있다. 2018년 2월에는 대구 한 병원에서 팔 이식 수술 1주년 경과 보고회가 열렸다. 1년 전 국내에서 처음으로 팔 이식 수술을 받은 손진욱 씨는 "원래 손에 다한증이 있었는데, 한두 달 전부터 이식받은 왼손에 땀이 나 신기하기만 했다"고 말했다. 자기 손처럼 신경이 제대로 살아나고 있다는 얘기다. 그는 또 수술 전과 비교하면 기능적으로 70퍼센트 정도 손을 움직일 수 있게 된 것 같다며, "아직 세심한 동작은 하기 힘들지만 양치질, 옷 입기, 운전, 머리 감기 등 일상생활을 충분히 해내고 있다"고 말했다.

단일 세포로 이루어진 장기이식과 달리 팔 이식은 근육과 신경, 인대, 혈관, 뼈, 관절, 피부, 손톱까지 열 가지 이상 조직을 옮기는 복합 조직 이식 수술이다. 신체 조직 기증 문화가 더 발전한다면, 머잖아 국내에서 얼굴 이식 수술도 이루어질 것이다.[4]

동물 몸을 빌려 인간 장기 만든다

바이오 인공장기

고대 인도에는 중범죄를 저지른 사람 코를 자르는 형벌이 있었다. 기원전 800년경 인도의 히포크라테스로 불리는 의사 수슈루타(Sushruta)가 환자 이마의 피부를 잘라 코를 복원해주었다는 기록이 『수슈루타의 사미타(The Sushruta Samhita)』라는 책에 남아 있다.

이탈리아 피렌체의 산마르코 박물관에는 중세 초기 피부 '이식' 개념을 엿볼 수 있는 그림도 있다. 〈성코스마스와 성다미안의 유스티니아누스 치료(The Healing of Justinian by Saint Cosmas and Saint Damian)〉라는 제목의 이 그림에는 허벅지 아래만 피부

이탈리아 피렌체의 산마르코 박물관에 있는 그림 〈성코스마스와 성다미안의 유스티니아누스 치료〉에는 다리를 이식하는 모습이 담겨 있다.

가 검은 사람을 치료하는 두 사람이 그려져 있다. 15세기 그림이지만 4세기에 실제로 살았다고 전해지는 쌍둥이 의사 코스마스와 다미안(Cosmas and Damian)의 얘기가 담겨 있다. 평소 가난한 사람들을 치료해주며 신망이 높았던 이들 형제는 유스티니아누스의 한쪽 다리가 썩어 죽을 지경에 이르자, 죽은 무어인(8세기 이베리아반도를 정복한 이슬람교도)의 다리를 이식했다고 한다.

하지만 20세기가 될 때까지 장기이식이 실제로 성공한 사례는 없다는 게 학계의 정설이다. 당시는 마취와 항생제는 물론 면역 거부 반응에 대한 개념도 없던 시절이라 이식 수술이 성공했다고 볼 수 없다. 하지만 그 시절의 이식에 관한 생각과 시도를 헤아려볼 수 있다.[5]

20세기 초부터 시작된 장기이식

신체 이식 수술은 논란 속에서 진화해왔다. 지금은 당연하게 받아들이는 장기이식 수술도 과거에는 그렇지 못했다. 1980~90년대 초만 하더라도 영국에서는 신장 이식 수술을 주도한 의사의 면허가 박탈됐고, 그를 도운 다른 의사들도 면허정지를 당하는 등 제재가 엄격했다. 법적·도덕적 한계를 주장하는 여론 때문이었다.

하지만 신체 이식 수술의 역사는 꽤 오래됐다. 근대 의학의 여명기라고 불리는 18세기, 당시 의학자들은 동물 실험을 통해 이식에 관한 지식을 얻기 시작했다. 인간 몸속 장기와 같은 기관을 이식하는 것은 20세기가 되어서야 가능했다.

장기이식 수술 중 가장 먼저 성공한 건 눈의 '창'(窓)이라 할 수 있는 각막이다.《영국안과학회지(British Journal of Ophthalmolog)》에 따르면 1905년 오스트리아의 의사 에두아르트 짐(Eduard Zirm)이 사망한 11세 소년의 눈에서 각막을 채취해 체코에서 온 45세 실명 환자에게 이식하는 수술에 성공했다는 기록이 남아 있다. 각막은 혈관이 없어 인체의 다른 부위보다 수술 부작용이 적다.

장기이식을 가능하게 해준 의학 기술은 노벨상의 산실이었다. 장기이식을 위해서는 혈관을 잘랐다가 다시 이어붙여야 하는데, 1912년 프랑스 외과의학자 알렉시스 카렐(Alexis Carrel, 1873~1944)이 혈관 봉합과 장기이식 연구로 노벨생리의학상을 받았다. 1960년에는 영국 생물학자 피터 메더워(Peter Medawar, 1915~1987)가 면역 거부 반응 연구로 역시 노벨생리의학상을 받았다. 1954년 미국 보스턴에서 최초로 신장 이식 수술이 이루어졌고 이후 폐(1963년), 간과 심장(1967년), 골수와 췌장(1968

◎ 장기이식 수술의 역사 ◎

장기	최초 이식 연도	이식 기관
각막	1905년	체코
신장	1954년	미국 보스턴
심장혈관	1955년	캐나다 토론토
폐	1963년	미국 미시시피
간	1967년	미국 덴버
골수	1968년	미국 미니애폴리스
심장	1967년	남아공 케이프타운
췌장	1968년	미국 미니애폴리스
장	1987년	미국 피츠버그

년), 장(1987년) 등으로 장기이식 수술이 확대됐다.

장기이식과 관련한 의학 기술은 다른 과학기술과 함께 급속하게 발전했다. 하지만 이번엔 생명 윤리 문제가 등장했다. 줄기세포 등을 이용한 세포 기반 인공장기는 인체에 대한 생명윤리로, 침팬지나 돼지 등 동물을 이용한 장기이식 수술은 동물과 인간 사이 윤리 문제로 번져가고 있다. 과학기술이 빠르게 발전하면서 인간의 정체성이 훼손되거나 혼란이 초래될 우려도 커지고 있다.[6] 하지만 지나친 규제는 오히려 신체의 자유와 개인의 자율성을 침해할 수 있다는 점도 생각해봐야 한다.

급속히 발전하는 바이오 인공장기

생명공학은 정보기술과 더불어 21세기 과학기술을 이끌어가는 쌍두마차로 등장했다. 유전체 분석과 줄기세포, 유전자 가위로 대표되는 생명공학 기술은 최근 급속도로 발달하고 있다. 앞으로 10~15년 후면 일부 바이오 인공장기 기술이 상용화되고 확산할 것으로 예견된다. 바이오 인공장기는 인간의 장기가 손상돼 더 이상 제 기능을 하지 못할 때, 이를 대체할 수 있도록 생명공학을 이용해 인공적으로 만든 장기를 말한다. 간, 심장, 폐, 췌장 등 흔히 장기라 불리는 것 외에도 각막, 연골, 피부, 혈관 등도 포함된다.

왜 바이오 인공장기일까. 장기이식의 가장 좋은 방법은 같은 혈액형을 가진 가족의 장기를 이용하는 것이다. 하지만 가족 중에서 장기를 기증받기란 쉽지 않고, 이식할 수 있는 다른 사람의 기증 장기는 환자 수보다 턱없이 부족하다. 질병관리청에 따르면 2020년 국내 장기이식 대기자는 3만5852명이다. 장기의 종류에 따라 길게는 7년 가까이 기다려야 하는 상황이다. 이식을 기다리다가 사망한 환자도 많다. 갈수록 기대 수명이 늘면서

◦ 세포 기반 인공장기 국내외 기술 동향 ◦

장기	기관	연구 내역
심장	한국 가톨릭대학	중간엽 줄기세포 기반 심근 패치 개발에 성공
혈관	미국 미네소타대학	양의 피부세포로 만든 인공혈관 어린 양 이식에 성공
피부	한국 한림대학	환자의 세포를 활용해 피부 개발
	일본 도쿄대학	역분화 줄기세포 기반 피부 개발
근육	한국 포항공과대학	3D 바이오 잉크를 활용한 인공근육 개발 성공
신장	미국 하버드대학	3D 프린팅 기법으로 네프론 개발 성공
폐	미국 미시간대학	허파꽈리 세포 기반 폐 오가노이드 개발
간	미국 오가노보	간, 내피 등 수만 개 세포로 이루어진 인공간 최장 42일간 배양 성공
미니 생식계	미국 노스웨스턴대학	나팔관, 자궁, 자궁경부, 난소, 간 조직 기반 이바타 시스템 개발
순환 배양기	한국생명공학연구원	골수 등 조혈기관, 간, 장과 심장 오가노이드가 연결된 순환 배양기 개발

만성 질환자도 증가하고 있어, 장기이식 대기자 수는 점점 더 많아질 전망이다. 이에 따라 인간의 장기를 대체할 수 있는 바이오 인공장기 개발이 절실하다.

한국생명공학연구원이 2018년 발표한 〈2018년 10대 바이오 미래 유망 기술〉 중 가장 대표적인 것이 '바이오 인공장기' 기술이다. 바이오 인공장기는 크게 다른 종의 동물을 이용한 '이종(異種) 장기', 줄기세포로 대표되는 '세포 기반 인공장기', '전

◎ 이종 장기 기술의 현주소 ◎

장기	기관	연구 내역
각막	중국 한국 건국대학 한국 서울대학	돼지 각막을 인체용으로 판매 승인 돼지 각막을 원숭이에 이식 성공
심장	미국국립보건원	유전자 변형한 돼지 심장을 개코원숭이에 이식, 최대 945일 생존
	한국 건국대학	돼지심장을 원숭이에 이식, 최대 51일 생존
	한국 서울대학	돼지 심장 판막으로 사람 대상 임상시험에 성공
신장	미국 피츠버그대학	유전자 여섯 개 변형된 돼지 신장을 개코원숭이에 이식, 최대 6개월 생존
췌도	뉴질랜드 LCT 한국 서울대학	돼지 췌도 세포를 이용한 당뇨병 치료제 임상시험 중 돼지 췌도 세포로 원숭이 당뇨 억제
폐	미국 유나이티드 세라퓨틱스	이식용 폐를 연간 1천 개 생산 가능한 기업형 돼지 농장 설계 단계
간	한국 서울대학 한국 강원대학	면역 거부 반응이 없는 이종 이식용 간 개발에 성공

자기기 인공장기'로 구분된다.

이종 장기 기술 중 미니돼지를 이용한 세포와 조직 이식은 전 세계적으로 임상시험 혹은 그 직전 단계에 도달한 상태다. 미니돼지는 장기 크기가 인간과 비슷하다. 임신 기간도 172일로 짧고, 한 번에 최대 12마리 새끼가 태어나 별 탈 없이 쑥쑥 자란다. 게다가 2012년부터 미국을 시작으로 세계 각국에서 면역 거부 반응을 일으키는 유전자를 제거하는 기술까지 개발됐다. 이런 장기를 인간에게 이식할 수 있게 될 날이 머지않은 것이다. 미국 제약회사 유나이티드 세라퓨틱스(United Therapeutics)는 2015년 연간 1천 개의 돼지 폐를 생산하기 위한 기업형 농장을 설립한다는 계획을 밝혔다.

이종 장기 기술 중에는 '키메라'(Chimera) 장기라는 것도 있다. 키메라란 그리스 신화에 나오는 사자 머리와 양 몸통에 뱀 꼬리를 한 괴물이다. UC데이비스의 파블로 로스(Pablo Ross) 박사 연구팀은 2018년 2월 줄기세포와 게놈 편집 기술을 동원해 인간 세포를 갓 생성된 양과 염소의 배아에 이식, 키메라 배아를 만드는 데 성공했다. 로스 박사는 "이식용 장기가 턱없이 부족한 현실을 고려해 이를 인간에게도 적용하려 노력하고 있다"고 말했다. 일본에서는 사람의 췌장을 가진 돼지를 만드는 키메라 장기 연구가 추진되고 있다.

세포 기반 인공장기 기술은 세포와 생체 재료를 이용해 조직

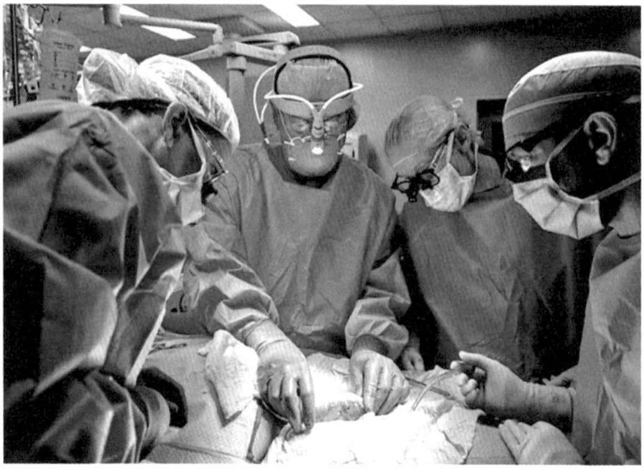

미국 뉴욕대학 랑곤헬스(NYU Langone Health) 연구진이 2021년 9월 뇌사자 몸에 부착된 돼지 신장에서 거부 반응이 있는지 검사하고 있다.

이나 장기를 개발하는 기술이다. 줄기세포는 이론상 인체의 모든 세포나 조직으로 분화할 수 있다. 일본을 필두로 세계 주요국이 뜨겁게 경쟁하고 있는 분야다. 최근 새롭게 주목받고 있는 '3D 바이오 프린팅 기술'도 있다. 인체 세포를 포함한 '바이오 잉크'를 3차원 구조로 찍어내는 방법이다. 미국 웨이크포레스트재생의학연구소는 2016년 3D 바이오 프린팅을 이용해 초소형 인공 심장을 만드는 데 성공한 바 있다.

한국도 동물 각막 인체 이식 성공

한국도 바이오 인공장기 개발에 분주하다. 국내 대표 주자는 국립축산과학원으로 사람과 장기의 크기가 비슷한 미니돼지 장기를 인체에 이식하는 것을 목표로 연구를 진행하고 있다. 넘어서야 할 관문은 면역 거부 반응인데 축산과학원은 이미 2009년 유전자 가위를 이용해 면역 거부 반응 유전자를 제거한 형질 변형 미니돼지 '지노'를 만들어냈다. 2017년 9월에는 건국대병원과 공동으로 형질 변형 미니돼지의 심장과 각막을 필리핀 원숭이에 이식했다. 원숭이는 60일간 생존했고, 각막 이식만 한 경우는 1년 가까이 살았다.

각막의 경우는 영장류 실험이 사실상 끝나 이미 사람에 대한 임상 적용이 가능한 수준에 이르렀다.[7] 동물 각막을 이식하는 것은 법적으로는 금지돼 있지만, 기술적으로는 조만간 가능해질 것으로 전망된다. 심장과 간, 폐, 신장 등 기능이 상대적으로 복잡한 장기는 향후 10년을 목표로 연구를 진행하고 있다.

한국생명공학연구원도 형질 전환 미니돼지 개발을 위한 200마리 규모의 사육 시설을 갖추고, 키메라 기법을 이용한 바이오 인공장기 연구와 함께 신약 개발을 위한 질환 모델 개발 등 첨단 생명과학 인프라 구축에 박차를 가하고 있다. 세계적으로도 치열한 경쟁이 예상되는 생명과학 분야의 혁신과 미래 고부가가치 경쟁에서 뒤처지지 않으려면 국가적 차원의 전략적이고 장기적인 지원이 절실하다.[8]

미토콘드리아 추적하면 '허황옥 전설' 확인할 수 있다

DNA를 통한 뿌리 찾기

부계 혈족으로 본 귀하는 하백의 부족(O2b)에 속하며, 한국인을 이루는 주요 일곱 개 부족 중 둘째로 수가 많으며, 35.6퍼센트를 차지하고 있습니다. 하백의 부족은 지금으로부터 3만5천 년 전 공통 유전자 뿌리에서 갈라져 나왔습니다. 중국, 중국 남쪽 지방, 동남아시아, 한국, 일본 지역에 거주하는 민족의 주류를 이루고 있습니다.

모계 혈족으로 본 귀하는 술의 부족(A)에 속하며, 한국인을 이루는 주요 열두 개 부족 중 일곱째로 수가 많으며, 8.27퍼센트를 차지하고 있습니다. 술의 부족 그룹은 지금으로부터 2만 9200년 전 공통 유전자 뿌리에서 갈라져 나왔습니다. 극동아시아 지역에 거주하는 민족의 주류를 이루고 있습니다. 술 부족의 또 다른 가지는 이후에도 베링해협을 넘어 알래스카를 거쳐 북미와 중미를 거쳐 남미까지 내려갔습니다.

나의 부계와 모계 뿌리가 어디에서 시작됐는지 보여주는 설명이다. 부계 혈족은 경주 최가인 내 시조 최치원(857~908) 할아버지와 신라 6부 촌장 중 한 명이었다는 모든 최씨의 도시조(都始祖) 소벌도리 할아버지가 최씨 성을 갖기 한참 전의 얘기를 말해준다. 3만여 년 전 구석기시대 아득히 먼 할아버지의 할아버지는 그때 중국 땅 어딘가에서 주먹도끼로 토끼와 사슴을 사냥하고 있었을 것이다.

나는 누구이며 어디서 왔을까

과학기술을 통한 '뿌리 찾기'가 진화하고 있다. 위의 설명은 DNA 분석을 이용한 조상 찾기 서비스를 통해 '한국 47.89퍼센트, 중국 26.97퍼센트, 일본 25.14퍼센트'라는 정체성을 알게 된 나의 '뿌리 찾기'의 결과로 분자진단 회사 이원다이애그노믹스가 내놓은 서비스다.

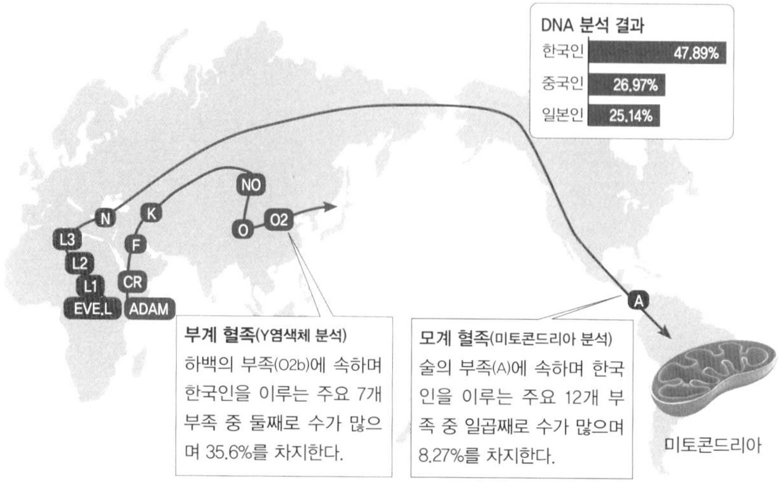

부계, 모계 혈족 이동 경로. 혈족 명칭은 알파벳으로 표시되는 공식 이름이 있지만, 분자 진단 회사 이원다이애그노믹스에서 '하백', '술'처럼 임의로 작명했다.

아직은 이 정도 분석에 그치지만, 앞으로 데이터가 더 쌓이면 조상이 한반도 내에서도 구체적으로 어디에 주로 거주하고 이동했는지도 알 수 있게 된다. 지금이야 한 나라 안에서도 이동이 잦지만, 조선시대까지만 하더라도 혈족들이 대대로 한군데 모여 살았기 때문이다. 뿌리 찾기 이용자가 늘면 나와 가까운 혈족이 누구인지, 몇 명인지까지도 찾을 수 있다. 글로벌 DNA 혈통 분석 서비스로 유명한 구글의 자회사 23앤미와 앤세스트리가 DNA 분석을 통해 이미 유사한 서비스를 제공하고 있다.

조금 다른 얘기지만, 코로나19 진단 키트 역시 DNA 분석을 통해 바이러스를 확인하는 작업이라 할 수 있다. 뿌리를 찾는 건 인류의 본능에 새겨진 끝없는 질문이다. 부모가 있고 족보가 있어 내 뿌리를 알 수 있지 않으냐고 할 수도 있지만, 아무리 잘해도 천년을 거슬러 올라가기 어렵다. 게다가 조선 초기까지 이름에 성(姓)을 가진 사람이 15퍼센트, 신분제가 무너지기 시작한 후기가 되어도 30퍼센트에 불과했다. 이런 점을 고려하면, 전 국민이 진짜든 가짜든 성을 가진 현대에 성씨와 족보에만 의지해 내가 정말 어디서 왔는지 알아내고 그 내용을 믿기란 어려운 일이다.

칭기즈칸 후손도 Y염색체로 찾는다

21세기 과학은 '나는 누구이며 어디서 왔을까'에 대한 궁금

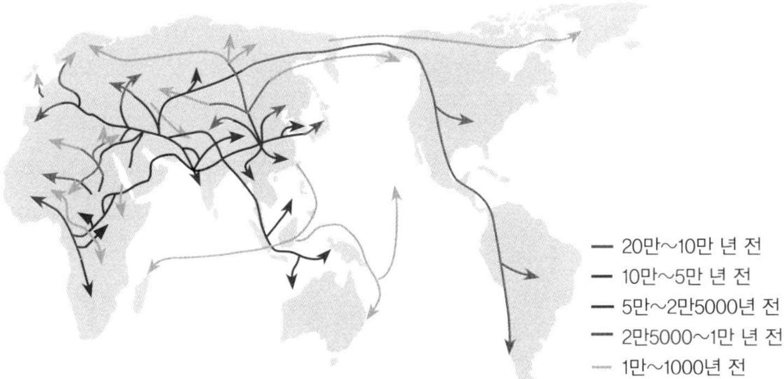

인류의 이동 경로. 앞으로 데이터가 쌓이면 조상이 한반도 내에서도 구체적으로 어디에 주로 거주하고 이동했는지도 알 수 있게 된다.

증을 상당 부분 해소해준다. 분자유전학이 그것이다. 분자유전학은 유전 현상을 분자 차원에서 해명하는 유전학의 한 분야다. 유전자의 실체를 DNA로 파악해 분자의 구조와 기능 면에서 유전 현상을 설명하는 것이 주된 특징이다. 특히 2003년 인간이 가지고 있는 게놈의 모든 염기서열을 해석하는 '인간 게놈 프로젝트'가 완성되면서, 분자유전학을 이용해 인류의 기원을 찾는 획기적인 길이 열렸다.

'한국 ○○퍼센트, 중국 ○○퍼센트, 일본 ○○퍼센트'라는 식의 조상 찾기는 비교적 간단하다. 검사를 받는 사람의 DNA를 이미 마련된 민족별 참조 DNA와 비교하면 된다. 하지만 부계와 모계의 뿌리는 어떻게 찾을까. 비결은 Y염색체와 미토콘드리아에 있다.

남성만이 가지고 있는 Y염색체 속 DNA는 아들 대를 통해

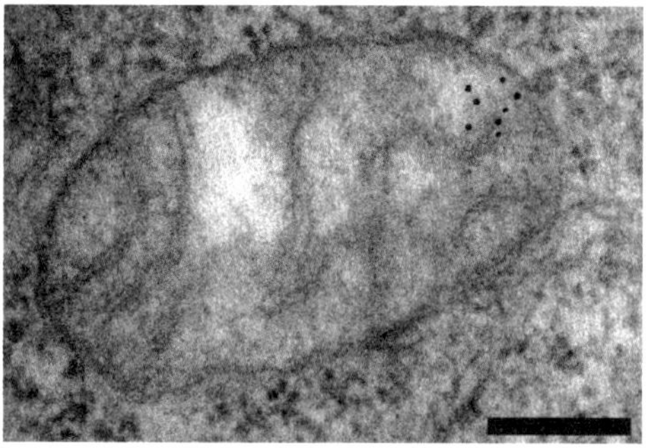

전자현미경으로 본 미토콘드리아 DNA. DNA에 대한 항체와 금으로 표지한 후 자른 단면이다.

대대로 유전된다. 이 때문에 Y염색체 속 DNA를 분석하면 "아버지의 아버지의 아버지…"를 찾아 계속 올라갈 수 있다. 그 근원은 동남부 아프리카에서 시작한 인류의 조상 '아담'(호모사피엔스)이다. 미토콘드리아 속 DNA는 "어머니의 어머니의 어머니…"처럼 모계로만 유전된다. 그 근본 뿌리 역시 아프리카의 '미토콘드리아 이브'다. 결국 시작은 약 15만 년 전 아프리카 동남부에서 시작한 검은 피부의 할아버지 할머니였다는 얘기다.

몽골제국의 건국자 칭기즈칸의 현재 살아있는 후손도 Y염색체 추적을 통해 많이 찾을 수 있었다. 아직은 전설의 영역으로 남아 있는, 인도에서 건너왔다는 김해 허씨의 시조 허황옥의 전설 또한 같은 방법으로 전설인지 실제로 있었던 일인지 확인할 수 있다.[9] 허황옥은 후에 신라에 병합된 가락국의 초대 왕인 수로왕의 부인으로, 허황후 혹은 보주태후라고도 한다. 『삼국유사』의 가락국기에 따르면, 인도 갠지스강에 있는 아요디아 공주인 그녀는 48년에 오빠 장유화상과 배를 타고 가락국에 와서 왕후가 됐다. 그가 낳은 거등왕을 비롯한 열 명의 아들은 어머니의 성을 따라 허씨가 됐다.

사주팔자 말고 DNA 검사도 있다

나의 운명 알아보기

나는 어떤 인간이며, 또 앞으로 어떻게 살아갈까. 매년 연초는 유독 '나'가 궁금해진다. 그 때문일까. 서울 '미아리'로 대표되는 철학관, 점집의 연중 최고 대목이 정초라고 한다. 태어난 연월일시(年月日時), 즉 사주팔자로 나의 과거, 현재, 미래를 알아보는 게 동양철학이라면, 유전자 검사는 생명과학에 기반을 둔 '나'를 찾는 작업이다. 부모로부터 물려받은 DNA 속 유전자에는 생물학적 '나'에 대한 모든 것이 들어 있다. 유전자를 제대로 분석할 수만 있다면, 나의 본질과 이를 토대로 미래 가능성까지 어느 정도 헤아려볼 수 있다.

유전자를 분석하면 나에 대한 모든 것을 알 수 있다.

운동 능력, 주량, 노화 등도 알 수 있는 유전자 검사

영화 〈가타카〉는 그런 가능성을 제시한다. 영화는 병원에서 주인공 빈센트가 태어나는 장면에서 시작된다. 간호사는 신생아 유전자 검사를 통해 "신경계 질병에 걸릴 확률은 60퍼센트이고 우울증 42퍼센트, 집중력 장애 89퍼센트, 심장질환 99퍼센트이며 조기 사망할 수 있고, 예상 수명은 30.2년에 불과하다"고 말한다. 빈센트는 인공수정과 유전자 선택으로 완벽하게 태어난 동생 안톤과 차별받으며 성장한다. 우주 조종사가 되는 게 꿈이었지만, 부적격자로 분류된 그는 우주 탐사 회사 가타카의 청소부로 일할 수밖에 없었다. 하지만 빈센트는 포기하지 않는다. 다른 사람의 신분을 얻어주는 브로커를 통해 완벽한 DNA를 가진 사람으로 위장해 우주 조종사에 도전한다. 이후에도 수많은 난관을 극복한 빈센트는 결국 우주 탐사 임무에 참여하게 된다.

영화는 과학기술이 발달하면서, 머잖아 유전자 조작을 통해 완벽한 DNA를 가진 아이가 등장할 수 있다는 기대와 우려가 뒤섞인 작품이다. 영화 제목 '가타카'(Gattaca)는 DNA의 염기서열인 A(아데닌), T(티민), G(구아닌), C(사이토신)의 철자로 만들어졌다.

30억 쌍에 이르는 인간의 모든 DNA 염기서열을 해독한 인간 게놈 프로젝트는 이미 2003년 완성됐다. 이제는 500달러도 채 되지 않는 비용으로 단 1~2주 만에 한 인간의 모든 DNA를

30억 쌍에 이르는 인간의 모든 DNA 염기서열을 해독한 인간 게놈 프로젝트는 2003년 완성됐다.

해독할 수 있는 시대가 됐다. DNA를 분석하면 기술적으로는 영화 〈가타카〉의 장면처럼 한 인간의 모든 가능성을 알아낼 수 있다. 여기서 굳이 가능성이라 표현하는 이유는 DNA에 새겨진 게 100퍼센트 그렇다고 얘기할 순 없기 때문이다. 사주팔자로 보는 운명이 모든 것이 정해진 건 아니라고 말하는 상황과 무척이나 닮은꼴이다.

규모 커지는 글로벌 유전자 검사 시장

미국과 일본 등지에서는 이미 민간 유전자 분석 시장이 활짝 열렸다. 혈액도 아닌 침 몇 방울만 보내면 내가 무슨 질병에 걸릴 가능성이 큰지, 나의 조상은 누구인지 알 수 있다. 생명과학자들의 말에 따르면 키, 지능, 수명, 눈동자 색, 머리카락 색 등 일반적인 유전 정보까지 모두 알 수 있다.

한국에서도 생명공학의 현재와 미래에 새로운 획을 긋는 혁신이 이루어지고 있다. 국가생명윤리심의위원회는 2019년 12월 비의료 기관에서 소비자에게 직접 의뢰받아 실시하는 DTC(Direct To Consumer) 유전자 검사의 경우 56개 항목에 대해 2년간 임시 허가 방식으로 검사할 수 있도록 결정했다. 위원회는 이후 2020년 말 DTC 유전자 검사 항목을 70개까지 확대했다.

DTC와 별도로 의료 기관, 즉 병원에서는 치매와 유방암, 지

◦ DTC 유전자 검사 허용 항목 ◦

구분	항목
영양소	비타민C 농도, 비타민D 농도, 코엔자임 Q10 농도, 마그네슘 농도, 아연 농도, 철 저장 및 농도, 칼륨 농도, 칼슘 농도, 아르기닌 농도, 지방산 농도
운동	근력 운동 적합성, 유산소 운동 적합성, 지구력 운동 적합성, 근육 발달 능력, 단거리 질주 능력, 발목 부상 위험도, 악력, 운동 후 회복 능력
피부 · 모발	기미 · 주근깨, 색소침착, 여드름 발생, 피부 노화, 피부염증, 태양 노출 후 태닝 반응, 튼살 · 각질, 남성형 탈모, 모발 굵기, 원형 탈모
식습관	식욕, 포만감, 단맛 민감도, 쓴맛 민감도, 짠맛 민감도
개인 특성	알코올 대사, 알코올 의존성, 알코올 홍조, 와인 선호도, 니코틴 대사, 니코틴 의존성, 카페인 대사, 카페인 의존성, 불면증, 수면 습관 · 시간, 아침형 · 저녁형 인간, 통증 민감성
건강관리	퇴행성관절염증감수성, 멀미, 비만, 요산치, 중성지방 농도, 체지방율, 체질량지수, 콜레스테롤, 혈당, 혈압
조상 찾기	혈통

◦ 국가별 DTC 검사 허용 항목 ◦

구분	미국	영국	일본	한국
질병 예측 검사 (만성질환 등)	○ (치매, 파킨슨병 등)	○	○	병원 연계
유전성 질병 인지 검사 (가족성 콜레스테롤 혈증 등)	○ (상염색체 열성 질병)	○	○	병원 연계
개인 특성 관련 검사 (비만도, 니코틴 의존성 등)	○	○	○	18개 항목
약물 유전체 검사 (약물 대사 속도, 부작용 등)	○ (약물 부작용에 한정)	○	○	병원 연계
웰니스 관련 (피부, 운동력, 영양 관련 등)	○	○	○	38개 항목

능, 장수, 폭력성 등 보건복지부에서 생명윤리법 시행령(제20조)을 통해 금지하고 있는 항목을 제외한 질병 가능성에 관한 진단을 해주고 있다. 더 많은 비용과 시간을 들인다면, 제한된 범위에서나마 질병 예측도 가능하다는 얘기다.

하지만 70개 항목에 대한 DTC 유전자 검사는 반쪽짜리라는 비판이 많다. 보건복지부가 내놓은 행정 예고안에 따르면 미성년자는 DTC 유전자 검사를 할 수 없다. 잘못된 정보를 가지고 선불리 장래를 판단할 수 있다는 것이 그 이유다. 70개 항목 중 단거리 질주 능력과 같은 운동 적성 검사는 운동을 시작하는 초중생이 받아야 의미가 있다. 가야 할 길이 정해진 성인이 된 뒤에 관련 DNA 검사를 한다는 건 의미가 없다. 보건복지부 DTC 시범사업을 주관한 DTC인증심사위원회의 조사 결과, 66퍼센트 소비자가 암과 질병 등의 분야에 대해 DTC 검사 항목 추가를 원하는 것으로 나타났다.

바이오산업에 국경은 의미가 없다. 미국이나 일본에서 하는 서비스를 한국인도 저렴한 비용으로 얼마든지 받을 수 있는 시대가 됐다. 생명 윤리 관련 규제를 하는 이유는 여러 가지지만, 안방 규제가 역차별을 불러일으켜 K-바이오산업의 싹을 잘라서는 안 된다.

인간과 DNA 98.8퍼센트 일치하는 침팬지

영장류 연구

중국 남서부 윈난성의 성도 쿤밍에서 자동차로 한 시간 거리에 있는 마을에 색다른 '동물원'이 있다. 동물이라고는 원숭이 1500마리가 전부이며 자폐증과 파킨슨병, 근이영양증 등 각종 질병에 걸린 원숭이가 절반 이상이다. 동물원 내에 관람객은 한 명도 찾아볼 수 없다. 관리가 되지 않은 폐쇄 직전 동물원처럼 보이는 이곳에서는 푸른 작업복을 입은 동물보호원 60여 명이 이들을 세계 어떤 동물원 못지않게 정성껏 관리하고 있다.

이곳은 중국과학원 산하 윈난영장류생물의학중점연구소(Yunnan Key Laboratory of Primate Biomedical Research)로 2011년

중국 윈난영장류생물의학중점연구소는 2014년 세계 최초로 유전자 교정 원숭이를 탄생시켰다.

에 문을 연 중국 최고의 영장류 연구시설이다. 2014년에는 세계 최초로 3세대 크리스퍼 유전자 가위로 배아세포의 유전자를 조작해 살아있는 새끼 원숭이로 키워내는 데 성공했다. 사람과 유사한 원숭이를 대상으로 배아 단계에서 유전자를 교정해 병을 치료할 수 있는 시대가 열린 것이다.

영장류 연구센터 세우는 중국, 영장류 실험 줄이는 서구 국가

세계 영장류 연구의 메카로 떠오르고 있는 나라는 중국이다. 중국에는 윈난영장류생물의학중점연구소와 같은 영장류 연구센터가 한두 곳이 아니다. 최근 10년 사이 중국 중앙 정부와 지

《네이처》 2016년 4월호에는 "중국이 영장류 연구에서 세계적 리더로 자리 잡고 있다"는 내용과 함께 위와 같은 이미지가 실렸다.

방 정부의 지원으로 선전, 항저우, 쑤저우, 광저우 등지에 비슷한 연구소들이 연이어 들어서고 있다.

한국생명공학연구원에 따르면 세계 실험용 원숭이 생산의 90퍼센트가 중국에서 이루어지고 있다. 윈난성 등 기후가 따뜻한 중국 남서부 산림에 원숭이가 집단 서식하고 있기도 하지만, 중국 정부가 생명공학 발전을 위해 실험용 영장류 육성과 연구에 집중 투자하고 있기 때문이다. 《네이처》는 2016년 4월호 「원숭이 왕국」이라는 제목의 기사에서 "중국이 영장류 연구에서 세계적 리더로 자리 잡고 있다"고 전했다.

중국은 생명공학 분야에서 이미 선진국이다. 김진수 기초과학연구원 유전체교정연구단장에 따르면 중국은 생명 윤리 관련 규제가 엄격하지 않은 데다, 크리스퍼 유전자 가위로 손쉽게 질환 모델 원숭이를 만들어낼 수 있어 생명공학 분야에서 앞서 갈 수 있는 유리한 조건을 갖췄다.

반면 세계 최초로 복제 양 돌리를 만든 영국을 비롯한 서구 선진국에서는 해가 갈수록 영장류 연구가 위축되고 있다. 시민단체를 비롯한 사회 전반에서 동물 윤리가 강조되고, 특히 사람과 가까운 영장류 실험에 대한 반대 여론이 거세지고 있기 때문이다. 미국 하버드대 의과대학의 경우 이런 여론 때문에 2015년 5월 자체 영장류 시설을 폐쇄했다. 미국국립보건원(NIH)도 2015년 12월 자체 연구시설에서 영장류 실험을 줄여나가고, 관련 연구를 위한 기금 지원 역시 재검토하기로 했다. 이 같은 분위기는 유럽도 크게 다르지 않다.

영장류 연구비용도 서구 선진국을 위협하는 요인이다. 미국에서는 원숭이 한 마리를 사는 데 6천 달러, 사육하는 데 하루 20달러가 든다. 한국생명공학연구원에 따르면 미국의 영장류 전임상시험에서 원숭이 한 마리당 각종 실험 데이터를 얻어내는 데만 최소 1억 원이라는 비용이 든다. 반면 중국에서는 가격이 1천 달러에 하루 사육 비용도 5달러에 불과하다. 이 때문에 서구의 생명공학 연구자들은 중국과 공동 연구를 하거나, 중국에 직접 가서 실험하는 등 편법을 동원하기도 한다. 이는 곧 중국이 생명과학 분야에서 급성장할 수 있음을 뜻한다.

프랑스 보르도대학 신경퇴행성질환연구소의 경우 아예 중국 베이징에 자체 영장류 연구기관을 세웠다. 이 연구소 에르완 베자르 소장은 이와 관련해 중국의 부상에 주목해야 한다고 말한다. "유럽과 미국이 여전히 영장류 연구에서 선두를 달리고 있지만, 무섭게 성장하고 있는 중국이 머잖아 세계 신약 개발과 치료를 검증하는 중심으로 떠오를 것이다. 프랑스 정부와 정치인들이 이처럼 심각한 현실을 외면하고 있기에, 프랑스 생명공학 연구는 풍전등화의 위기에 처한 상황이다."

영장류는 미래 전략 생물자원

한국은 어떨까. 한국은 다행히 정부 차원에서 바이오 신약과 바이오 장기, 줄기세포 등 다양한 분야의 생명공학 발전을 위한 영장류 연구의 중요성을 인식하고 있다. 한국생명공학연구원은 2005년부터 충북 오창에 국가영장류센터를 만들어 운영하고 있다. 이곳은 게잡이원숭이 등 영장류 400마리를 보유하고 있다. 단일 규모로는 국내 최대다. 한국생명공학연구원은 이 원숭이들을 이용해 국내 각 대학과 병원 등 연구기관과 함께 영장류를 이용한 동물 실험을 해오고 있다. 하지만 400마리는 국내 영장류 실험 수요의 10퍼센트만을 감당할 수 있을 정도로 턱없이 부족한 실정이다.

게다가 '멸종 위기에 처한 동식물 교역에 관한 국제협약'(CITES) 등으로 인해 외국에서 실험용 원숭이를 들여오는 것이 점점 까다로워지고 있다. 이 협약은 1973년 3월 3일 워싱턴에서 열린 국제자연보호연맹(IUCN) 회원 협의에서 결의안이 채택되어 입안됐다. 목적은 야생 동식물종의 국제적인 거래가 동식물의 생존을 위협하지 않게끔 하고 여러 보호 단계를 적용하여 3만 3천 생물 종의 보호를 보장하는 데 있다.

이 때문에 한국생명공학연구원은 2018년 11월 전북 정읍에 최대 4천 마리의 붉은털원숭이와 게잡이원숭이를 수용할 수 있는 영장류자원지원센터의 문을 열었다. 영장류자원지원센터는

충북 청주시 오창읍 한국생명공학연구원 내 국가영장류센터는 연구를 위해 400마리 영장류를 보유하고 있는데 그 중 붉은털원숭이의 모습이다.

2017년 중국에서 원숭이 160마리를 들여왔고, 2018년에는 430마리를 추가로 도입하는 등, 2022년까지 2500마리로 보유 원숭이를 늘린다는 복안이다. 이후엔 이를 바탕으로 자체 사육해 4천 마리까지 보유 원숭이 수를 늘릴 계획이다.

현재 국내에서 신약 개발과 뇌 연구 등 전임상의 필수 자원으로 영장류 수요가 급증해 매년 700마리 이상을 수입하고 있다.[10] 게다가 세계 실험용 원숭이 생산의 90퍼센트를 차지하는 중국이 최근 실험용 영장류를 '자원 무기'로 삼아 수출 물량을 제한하기 시작했기 때문에 국내 생명공학 발전을 위해 자체 영장류 확보가 시급하다.

중국은 왜 하필 여러 동물 중 영장류를 동물 실험 대상으로 집중적으로 육성하고 있을까. 당연한 얘기지만, 사람을 치료하기 위한 신약을 개발하는 과정이라 할지라도 부작용 우려에 처음부터 인간을 실험 대상으로 쓸 수는 없다. 그래서 임상시험 전 단계인 '전임상'에서 엄격한 동물 실험을 거친다.

동물 실험이라고 하면 흔히 쥐나 돼지를 떠올리지만, 사실 원숭이가 최고의 동물 실험 대상이다. 유전자가 인간과 95퍼센트 이상 같기 때문이다. 다만 마리당 최소 400만 원 이상 하는 고가이다 보니 덜 중요한 실험에는 상대적으로 값싼 쥐나 돼지를 쓴다. 물론 동물 실험에서 흔히 쓰이는 초파리의 경우는 인간과 DNA가 60퍼센트 일치하고, 태어나서 죽기까지 생애주기가 길어야 100일에 불과하기 때문에 동물 실험에서 유리한 측면도 있다.

과거 신약 개발 전임상 단계에서 쥐(설치류)를 썼다가 대형 사고가 난 것은 영장류 실험의 중요성을 보여주는 좋은 사례다. 진정제로 개발돼 1950~60년대에 사용된 '탈리도마이드'가 대표적인 예로, 쥐 실험에서 부작용이 없어 임산부들의 입덧 방지용으로 판매됐다. 하지만 당시 46개국에서 팔과 다리가 짧거나 아예 없는 기형아가 1만 명 넘게 태어나는 비극을 초래했다. 이후 미국에서는 이런 시행착오를 줄이기 위해 쥐 실험에 성공한 약물에 대해서는 원숭이 실험을 반드시 거치도록 규정을 바꿨다. 신약 개발에 앞서 소위 전임상이라 불리는 동물 실험에 쥐나 돼지 대신 사람과 가까운 원숭이를 쓰면 신약의 부작용을 최소화할 수 있기 때문이다.[11]

인간처럼 자아 인식을 하는 유인원

하지만 영장류를 동물 실험 대상으로 쓸 때 문제가 있다. 영장류는 지능이 높고 감정 표현이 분명하다. 인간과 유사한 점이 너무 많다는 얘기다. 원숭이 실험을 하다 보면 깜짝 놀랄 만큼 사람과 비슷한 반응을 보인다고 한다. 한국생명공학연구원 한 선임연구원은 그럴 때마다 마음 한구석에 죄책감이 든다고 말했다.

최근 미국에서 발표된 논문에 따르면 실험에 사용된 침팬지들은 고문이나 재난을 겪은 사람처럼 외상 후 스트레스 장애(PTSD)를 겪는 것으로 드러났다. 특히 침팬지는 인간처럼 자아가 있고 DNA 유사성이 98.8퍼센트에 달할 정도로 인간과 가깝다. 중고교 생물 시간에 배운 '종(種)-속(屬)-과(科)-목(目)-강(綱)-문(門)-계(界)'로 구분하는 생물 분류학 기준에 따르면 고릴라, 오랑우탄, 침팬지는 사람과(科)에 속한다. 진화 과정에서 약 600만 년 전에 인간과 침팬지가 갈라졌다.

미국과 유럽에서는 이 때문에 2015년부터 같은 영장류라도 사람에 더 가까운 유인원에 속하는 침팬지, 오랑우탄, 고릴라에 대한 실험을 금지했다. 2011년 개봉한 〈혹성탈출: 진화의 시작〉은 이런 종의 분류를 뿌리에 둔 영화다. 영화 속 주인공은 손상된 뇌 기능을 회복시키는 신약을 개발하는 과정에서 임상시험 대상으로 유인원을 이용한다. 이 와중에 약의 효능으로 똑똑해진 유인원들이 인간의 속박을 거부하고 전쟁을 선포한다. 사람과 같은 유인원류이지만, 지능이 상대적으로 낮다는 이유로 한쪽은 실험의 대상이 되고 다른 한쪽은 세상의 지배자가 됐다는 논리다.

세상 떠난 딸도 불러내는 AI와 VR 기술

생명 재생을 위한 기술 개발

가상현실(VR) 헤드셋을 낀 엄마가 가상세계 속 나무 장작더미 쪽으로 다가가자, '엄마' 하고 부르는 소리가 들린다. 뒤돌아서 아이의 모습을 본 엄마는 훌쩍인다. "엄마, 나연이 보고 싶었어?" 엄마는 가상현실에서 만난 딸을 쓰다듬고 안아보려고 하지만 허공을 더듬을 뿐이다. 엄마는 안타까운 슬픔을 토해낸다. "나연이 안아보고 싶어. 한 번만 만져보고 싶어." 딸은 이런 엄마의 고통을 모르는 듯 "엄마, 나 예뻐?"라는 말로 답한다.

2020년 2월 방영된 MBC 휴먼다큐멘터리 〈너를 만났다〉에

혈액암으로 딸을 보내야 했던 장지성 씨가 MBC 다큐멘터리 프로그램이 만들어준 가상현실과 인공지능을 통해 딸과 재회하고 있다.

나온 내용이다. 3년 전 6살짜리 아이를 혈액암으로 떠나보낸 엄마가 가상현실 기술을 통해 다시 만난다는 내용이다. 관련 유튜브 영상은 한국어로 된 방송이지만, 영어 자막 덕분인지 외국에서도 큰 관심을 보였다. 2021년 12월 현재 6만 개가 넘는 댓글 중 한국어보다는 영어 등 외국어가 압도적으로 많았다. 《로이터통신》도 "한국의 엄마가 세상을 떠난 딸과 가상현실에서 눈물겨운 재회를 했다"는 제목과 함께 이 다큐멘터리 방영 소식을 전했다.

다큐멘터리를 본 많은 이들이 다양한 반응을 보였다. "가상현실 기술이 세상을 떠난 아이를 만날 수 있게 해주었다"고 경탄하는 사람이 있는가 하면, "어차피 세상 떠난 아이를 저런 식으로 만나는 건 정신건강에 해롭다"고 비판하는 사람까지….

MBC는 왜 이런 프로그램을 만들었을까. 〈너를 만났다〉를 제작한 김종우 PD는《PD저널》기고에서 "'하늘나라에 있는 가족을 다시 만난다면 어떨까' 하는 생각에서 기획이 시작됐다"고 말했다. 그렇게 만난 한 여성의 사무친 그리움을 VR 기술 등으로 풀어주려 했다는 것이다.

이미 특이점 향해 도약한 AI 기술

모든 과학기술은 인간의 욕망에서 시작한다. 아이를 갖고 싶어 하는 불임부부의 욕망이 시험관 아기 기술을 낳았다. 지금도 미국과 러시아 등지에서는 부활을 꿈꾸는 냉동 인간들이 질소 탱크 속에 누워 있다. 중국에선 자식에게 유전병을 물려주고 싶지 않다는 욕망이 유전자 가위 기술을 이용한 인간 배아 편집과 실제 출산이라는 충격적인 사건을 만들어냈다. 다큐멘터리 〈너를 만났다〉 역시 사랑하는 딸을 떠나보낸 엄마의 사무치는 그리움의 욕망이 인공지능과 가상현실 기술을 통해 구현된 것이다.

21세기 과학기술은 이미 도약점을 지나 특이점을 향해 가고 있다. 인간이 가진 다양한 욕망이 과학기술이라는 이름으로 하나씩 구현되고 있다. 『특이점이 온다』라는 책을 쓴 미래학자 레이 커즈와일은 인공지능을 연구하게 된 계기를 '돌아가신 사랑하는 아버지를 살려내고 싶다는 소망'에서 시작됐다고 밝혔다. 특이점이란 원래는 특정 물리량들이 정의되지 않거나 무한대가 되는 공간을 의미한다. 정보통신(IT) 분야에서는 인공지능이 비약적으로 발전해 인간의 지능을 뛰어넘는 기점을 말한다.

커즈와일은 자신의 아버지와 관련한 모든 데이터를 모으고 있다. 데이터가 충분히 쌓이고, 이를 운영할 수 있는 인공지능이 마련된다면 디지털 세상 속에서 아버지가 환생하는 것이라고 믿는다. 그는 인간의 본질을 패턴이라고 말한다. 사실 사람의 몸을 이루는 세포는 끊임없이 사멸과 복제를 거듭한다는 점을 생각해보면, 물리적으로 1년 전의 '나'는 지금의 '나'라고 주장하기 어렵다. 어찌 보면 나의 몸은 복제의 패턴 속에서 더해지는 것이다. 그렇다면 패턴 외에 남는 것은 기억과 운영체제라고도, 혼(魂)이라고도 얘기할 수 있을 것이다.

요즘 세계 인공지능 학계는 "오늘 날씨 어때?"와 같은 개별 질문에 "낮 최고 기온 15도"라고 말하는 식의 단순 알고리즘을 넘어 상대편의 반응을 보고 재차 질문하고 또 답하는 수준의 한 차원 높은 인공지능을 만들어내기 위해 심혈을 기울이고 있다.[12] 〈너를 만났다〉라는 다큐멘터리 속에서 환생한 딸이 아직은 어색한 수준이지만, 10년 후가 되면 월등한 수준으로 진화할 것이다.

IT 분야에서 특이점은 인공지능이 비약적으로 발전해 인간의 지능을 뛰어넘는 기점을 말한다.

인간은 정말 '환생 기술'을 원할까

생명 재생을 위한 기술 개발은 이미 시작됐다. 체세포복제가 그중 하나다. 2006년 줄기세포 파문의 장본인 황우석 박사가 세운 수암바이오텍은 체세포 복제 기술을 통해 죽은 반려견의 복제에 성공해 기뻐하는 미국 할리우드 배우들로 문전성시를 이룬다고 한다. 생명 재생의 또 다른 한 축은 SF영화 〈공각기동대〉처럼 인간의 뇌와 컴퓨터를 연결하는 기술로, 일론 머스크의 벤처기업 뉴럴링크(Neuralink)가 대표적이다. 이 회사는 생각을 업로드하고 다운로드할 수 있는 작은 전극을 뇌에 이식하는 것을 목표로 삼고 있다.

욕망이 잉태한 기술이 시간과 함께 성숙하는 건 어쩌면 당연한 일이지만, 기술적으로 완성됐다고 해서 모두 일반화하진 않는다. 사회가 윤리적으로든 감성적으로든 이를 받아들일 수 있어야 하고, 또 그 기술을 부자가 아닌 평범한 사람들까지 누릴 수 있도록 값이 내려가야 가능한 일이다. 인공지능 기술은 특이점을 향해 달리겠지만, 이를 이용해 세상을 떠난 사람을 언제든 불러낼 수 있는 기술을 과연 일반화할 수 있을까.

이미 세상 떠난 망자까지 챗봇으로

대화형 인공지능

죽은 사람을 불러내 일상처럼 대화를 나눌 수 있을까. SF영화나 귀신 불러내는 무당 얘기를 하자는 게 아니다. 경제지《포브스》는 2021년 1월 4일「마이크로소프트가 사망한 당신을 다시 불러낼 수 있다… 챗봇으로」라는 제목의 기사를 내보냈다. 《포브스》에 따르면 마이크로소프트는 2020년 말 특정인을 챗봇으로 환생시키는 인공지능 시스템을 특허 출원했다. 가족이나 친구 등 특정인이 페이스북과 같은 소셜미디어에 남긴 대화나 사진, 동영상, 음성 등이 그 바탕이 된다. 마이크로소프트는 살아있는 사람뿐 아니라, 이미 세상을 떠난 사람도 챗봇으로 만들어낼 수 있다고 밝혔다. 여러 사람의 광범위한 대화나 글을 학습하는 일반적인 챗봇과는 차원이 다른 방식이다.

망자의 디지털 휴먼을 실제처럼 만나는 세상

SF영화 속 세상에는 이런 상상이 현실로 등장한 지 오래다. 넷플릭스의 〈블랙미러〉 에피소드 중 '돌아올게'(Be Right Back)는 교통사고로 사망한 남편을 평소 그가 남긴 소셜미디어 속 디지털 데이터를 이용해 디지털 휴먼으로 살려낸다는 얘기를 담고 있다. 영화 〈트랜센던스〉에는 슈퍼컴퓨터 완성을 목전에 둔 천재 과학자가 목숨을 잃자, 연인이 그의 뇌를 컴퓨터에 업로드해 살리는 장면이 나온다. 이젠 SF영화가 아니라 현실 속에서도 망자의 디지털 휴먼을 실제처럼 만날 수 있는 세상이 다가오고 있다. 과거에도 망자를 디지털로 환생시키려는 시도가 없었던 건 아니다. 하지만 컴퓨터의 성능도, 소프트웨어적인 기술도, 데이터도 부족해 단순 시도에 그쳤다.

돌이켜보면 미래는 이미 와 있었다. 2021년 1월 13일 서비스를 중단한 챗봇 '이루다'는 업력이 짧은 국산 스타트업이 만든 기초적인 수준의 로봇에 불과했다. 2020년 5월 공개된 미국 오픈AI의 자연어 인공지능 'GPT-3'는 일상 대화뿐 아니라 신의 존재와 인류의 운명 등 고차원적 대화도 천연덕스럽게 해내 전

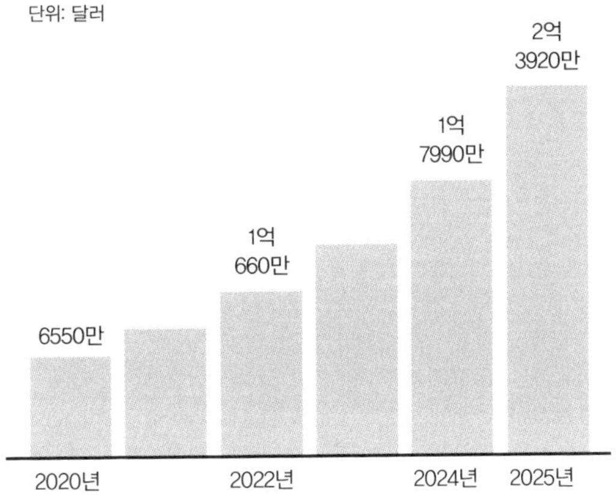

문자나 음성 대화 기능이 내장된 컴퓨터 프로그램 챗봇 시장 규모

세계인을 깜짝 놀라게 했다. 디지털화된 빅데이터와 고성능 컴퓨터, 첨단 알고리즘이 어우러진 결과였다.

국내에서도 대화형 인공지능 서비스는 이미 생활 속에 녹아들고 있다. 스마트폰과 스피커 속 인공지능뿐 아니다. 2002년 시작한 원조 토종 챗봇 '심심이'는 이미 세계 81개 언어를 쓰고, 4억 명의 누적 이용자를 보유하고 있다. 또 다른 챗봇 서비스 '가상남녀'에선 이용자가 원하는 실제 사진을 바탕으로 한 남녀 챗봇의 얼굴과 몸을 선택하게 한 뒤, 이루다처럼 사적이며 은밀한 대화도 할 수 있도록 하고 있다. 이외에도 각종 기업이나 기관에서 고객 응대 차원에서 도입한 '목적형 AI' 또한 이미 다양하게 나와 있다.

코스닥 상장 인공지능 전문 기업 솔트룩스는 2020년 이동통신사 유플러스와 함께 실제 5세 아이를 바탕으로 만든 두 가지 성격의 디지털 휴먼 '가람이'를 공개한 바 있다. 인공지능뿐 아니라 사람도 어떤 데이터를 접하느냐에 따라 착한 아이도, 나쁜 아이도 될 수 있다는 취지의 캠페인성 프로젝트였다. 가람이는 어떤 말을 해도 잘 알아듣고 거침없이 답변한다. 이 회사 대표는 "세계 최정상급 자연어 AI인 GPT와 한국전자통신연구원(ETRI)의 인공지능 엑소브레인의 기술을 융합한 대화형 AI를 개발하고 있다"고 말했다.

AI 진화는 인간을 넘어설까

인공지능은 언제, 어느 수준까지 발전할 수 있을까. 커즈와일은 과거 인터뷰에서 "2029년께 인간의 뇌와 성능이 다름없는 기계지능이 나타날 것이다. 그 이후 기계지능이 비약적으로 발전해 2045년에는 인간 지능을 수십억 배 능가하게 된다"고 주장했다. 일론 머스크는 한술 더 뜬다. 그는 2020년 7월 《뉴욕타임스》와 인터뷰에서 "현 추세로 봤을 때 향후 5년 이내 인공지능이 인간을 추월할 수 있다"고 말했다. 그의 말이 단순한 허풍으로 들리지 않는 것은 그가 직접 인공지능 사업에 뛰어들고 있기 때문이다. 머스크는 GPT-3를 개발한 오픈AI 설립을 주도

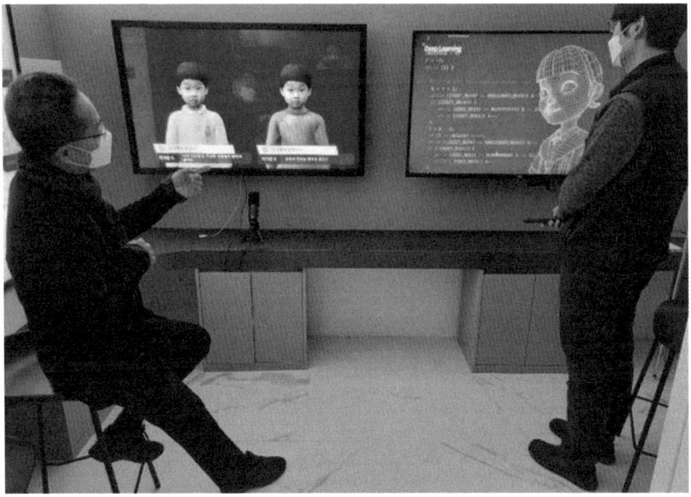

솔트룩스가 개발한 인공지능 챗봇 가람이. 건전한 어린이용 유튜브 데이터를 학습한 가람이(왼쪽)는 착한 말을, 제한 없는 유튜브 내용을 학습한 가람이(오른쪽)는 다소 거친 말을 쓴다.

했고, 앞서 말한 것처럼 인간의 뇌를 컴퓨터에 업로드하는 것을 목표로 세운 뉴럴링크를 창업하기도 했다.

하지만 개발자 입장에서 보면, 커즈와일이나 머스크의 말처럼 인간과 다름없는 인공지능이 5~10년 이내 나오기엔 넘어서야 할 벽이 많다.[13] 지금의 기술 발전 속도를 보면 수십 년 내에 그 비슷한 정도의 인공지능은 나올 수 있을 것이다.

세계는
6G를 향해 달려간다

6세대 통신

이제 더는 큰 병원을 찾아다닐 필요가 없다. 울릉도에 있는 환자가 원격 수술 로봇에 누워 실시간으로 서울 대학병원의 전문의사로부터 심장 수술을 받는다. 신체에 붙어 있는 100개의 센서는 몸의 이상 유무를 24시간 체크하고, 계약을 맺은 병원에 알려준다. 여객기 안은 물론 해상, 해저, 사막 등 지구 어디서든 자유롭게 전화 통화를 할 수 있다. 고속으로 달리는 완전 자율주행차가 도로 상황, 날씨, 사고 지점을 파악해가며 목적지까지 안전하게 승객을 데려다준다….

무슨 SF영화 같은 얘기냐고 하겠지만, 앞으로 10년 후 지금의 50대 초반이 환갑을 넘긴 때쯤의 세상에서 벌어질 수 있는 일이다. 이런 꿈 같은 세상을 현실로 만들어주는 핵심 공통 기술이 하나 있다. 바로 6세대(G) 이동통신 기술이다. 5G 서비스도 제대로 안 돼 '대국민 사기극'이란 소리가 나오는 마당에, 뜬금없는 6G냐는 원성이 들리는 듯하다. 하지만 과학기술의 발전은 그렇게 욕을 먹어가면서도 현재를 미래로 이끌어간다. 앨빈 토플러의 『미래 쇼크』는 21세기에도 계속, 아니 더 가속화된다.

5G, 6G가 필요한 이유

돌이켜보면 잠깐이다. '카폰'이란 게 있었다. 국내엔 1984년에 본격적으로 등장했다. 무전기도 아닌 것이, 달리는 차 안에서 유선전화처럼 자유롭게 통화를 할 수 있는 카폰이 당시 고교생이던 내게 '미래의 충격'이었다. 카폰은 1세대 이동통신 기술인 아날로그(AMPS) 방식을 처음 적용한 사례였다. 차량 뒤쪽에 길쭉한 안테나를 달고 있던 이 카폰 차량은 말 그대로 부와 권력의 상징이었다.

이후 1988년 '벽돌폰'이란 별명이 붙은, 흡사 전쟁영화 속 무

10년 뒤엔 인공위성 이용한 6G시대가 펼쳐질 것이다.

전기를 닮은 모토로라의 1세대 이동통신 전화기가 나왔다. 이 역시 일반인이 쓰기엔 무리였다. 당시 돈으로도 대당 400만 원의 고가 장비였던 탓이다. 여전히 전화라고 하면 모름지기 스프링줄이 달린 유선전화였다. 머잖은 미래에 1인 1 전화시대가 올 것이란 얘기가 돌기도 했지만, 대부분 "설마…" 했다. 하지만 이동통신 기술은 세월보다 더 빠르게 발전했다. 1990년대 초 '삐삐'로 불리던 무선호출기가 보편화하고, 이어 1996년 CDMA로 불린 2세대 이동통신 서비스가 시작됐다. 이후 2002년에 3세대, 2011년에 롱텀에볼루션(LTE)으로 불린 4세대 이동통신까지 나왔다.

이렇게 이동통신의 역사를 읊은 건 "LTE만으로도 충분한데

○ 이동통신 생태계 발전 경로 ○

3G~4G	~2020년	최대 1Gbps
5G	2020~2030년	20Gbps 이상
6G	2030~2040년	100Gbps 이상
7G	2040년 이후	Tbps (6G 대비 100배 빠름)

왜 5G, 6G를 강요하느냐"는 사람들의 불만과 궁금증을 풀기 위해서다. 이동통신을 과거의 '전화 통화' 개념으로만 볼 때는 기존 기술만으로도 차고 넘친다.[14] 문제는 인공지능과 빅데이터, 사물인터넷, 자율주행차 등 4차 산업혁명의 주된 기술이 융합돼 신산업을 일으키기 위해서는 더 빠른 속도로, 더 많은 데이터를, 지연 없이 주고받을 수 있어야 한다는 것이다.

이동통신 가입자들의 불만엔 애초 정부의 과장된 발표가 한몫했다. 과학기술정보통신부는 2017년부터 '세계 최초'를 목표로 5G 도입을 서둘렀다. 당시 과기정통부는 5G를 최신 4G 롱텀에볼루션보다 20배 이상 빠르고 끊김이 없다고 홍보했다. 하지만 2019년 4월 처음 시작한 5G 서비스의 속도는 4G의 2~4배에 불과했다. 문제의 원인은 정부가 가장 빠른 서비스를 기준으로 5G를 홍보한 데 있었다. 5G를 구현하는 전파 대역은 3.5GHz와 28GHz가 있는데, 국내 이동통신사들이 상대적으로 낮은 주파수대역으로, 기지국 비용이 덜 드는 3.5GHz를 깔았기 때문이다. 이동통신업계 관계자는 "기지국을 좀 더 촘촘하게 깔아야 하는 28GHz 대역은 대도심의 핫스팟이나 산업용으로 쓰는 게 효율적"이라며 5G 전국망은 3.5GHz로 깔 수밖에 없다고 말했다.

세계 주요국의 6G 기술 경쟁

아직 5G가 정착도 못 한 단계이지만, 세계는 벌써 10년 후 세상 속에나 나올 6G로 달려가고 있다. 미국의 경우 2019년에 이미 방위고등연구계획국(DARPA)을 통해 6G 관련 개발에 착수했다. 중국도 공업정보화부를 통해 6G 연구를 시작했다. 일본은 2030년까지 6G 통신을 실현하기 위해 관민연구회를 2020년 초 발족했다. 한국 역시 2020년 8월 '6세대 이동통신 시대 선도를 위한 미래 이동통신 연구개발 추진 전략'을 확정, 발표했다. 6G는 초당 100기가비트(Gbps) 이상의 전송 속도를 구현할 것으로 예상된다. 5G 이동통신 최대 속도 20Gbps보다 5배 빠르다. 전 세계 어디나 전파가 닿지 않는 곳이 없다. 이를 위해 기존 기지국 외에 인공위성도 동원될 것으로 보인다.

5G가 그렇듯 6G도 세계 주요국들이 2030년을 목표로 미래 산업 생태계의 패권을 잡기 위해 앞다퉈 기술 개발에 들어가고 있다.[15] 국가 간 경쟁이 뜨거운 만큼 실제론 2030년보다 1~2년

앞서 6G가 도입될 수도 있다. 28GHz 5G도 그렇지만 10년 뒤 나올 6G는 B2C(기업과 소비자 간 거래)라기보다는 B2B(기업 간 거래)나 B2B2C(기업, 기업, 소비자 거래) 위주로 쓰이게 될 것이다. 자율주행차와 원격의료 등을 이용하는 일반 소비자는 자신도 모르는 사이에 다양한 분야의 미래 기술 뒤에 있는 5G, 6G를 이용하게 될 것이다. 지금까지 과학기술은 인류의 예상을 벗어나 기하급수적인 속도로 발전해왔다.

지구환경에 관한 과학

3부

지구 위기를 생각한다

/ 들어가며 /

SF 속 기후 재앙, 알고도 막지 못하는 디스토피아

아무도 경고에 귀 기울이지 않았다. 기온이 상승하고 해류가 바뀌고 빙하가 녹자 기상이변이 속출했지만, 최악의 상황은 아직 오지 않았다. 2019년 허리케인, 토네이도, 홍수, 가뭄이 전 세계에 엄청난 피해를 주었다. 몇몇 마을이나 해안 지역 피해가 아니라 도시 전체가 사라졌다. 이스트강이 맨해튼을 삼켰고, 마드리드에서는 폭염으로 하루 동안 200만 명이 죽었다.

기후 재난을 소재로 한 영화 〈지오스톰〉의 첫 대사다. 영화 속에서 유엔은 더 이상의 재난을 예방하기 위해 수천 개의 위성으로 이

영화 〈지오스톰〉의 한 장면. 여러 개의 초대형 토네이도가 한꺼번에 발생해 도시를 휩쓸고 있다.

루어진 전 세계 인공위성 네트워크를 통해 지구의 기후를 조종할 수 있는 '더치보이 프로그램'을 개발한다. 하지만 프로그램에 문제가 생기면서 세계 곳곳에서 쓰나미와 용암 분출, 혹한 등 상상을 넘어서는 기상이변이 일어난다.

2004년 개봉한 영화 〈투모로우〉는 남극과 북극 얼음이 녹으면서 발생하는 기상이변으로 지구가 갑작스러운 빙하기에 빠져든다는 줄거리를 담고 있다. 지구온난화로 극강의 한파가 찾아온다는 역설적인 전개이지만, 과학자들은 전혀 말이 안 되는 얘기는 아니라는 의견이다. 북극에 가까운 고위도 지역 상공에는 시속 100킬로미터 속도로 빠르게 흐르는 제트기류가 형성되어 있는데, 이것이 북극지방의 찬 기운이 중·저위도로 내려오는 걸 막아주는 '에어커튼' 역할을 한다. 지구온난화로 제트기류가 약해지면, 극지방의 차가운

영화 〈투모로우〉의 한 장면. 극한의 한파가 몰아쳐 미국 뉴욕이 얼음과 눈의 도시로 변했다.

공기가 아래로 내려오게 된다. 최근 수년간 북미 지역 등 북반구 일부에 잦았던 한파와 폭설이 바로 이 때문이다.

티핑포인트를 얘기하는 과학자들

영화 〈지오스톰〉과 〈투모로우〉는 지구온난화로 인한 기후 재난을 소재로 한 대표적 SF영화다. 영화 흥행을 위해 기후 위기 결과를 과장한 측면은 있지만, 크게 틀린 말도 아니다. "아무도 경고에 귀 기울이지 않았다"는 〈지오스톰〉의 첫 대사처럼 1997년 교토의정서(온실가스 배출을 줄이기 위해 기후변화 협약에 따라 맺은 의정서), 2015년 파리기후변화협약(2020년 만료 예정인 교토의정서를 대체해 2020년 이후 기후변화 대응을 담은 국제 협약) 등을 통해 지구온난화 경고가 이어졌지만, 온실가스 상승은 여전히 계속되고 있다. 그런 측면에서 기후 위기는 인류가 알고도 막지 못하는 디스토피아고, SF영화는 미리 가본 기후 재앙인 셈이다.

기후 재앙의 역사에서 2021년은 기록에 남을 만한 해가 될 전망이다. 6월부터 시작된 북미 서부 지역의 폭염과 화재는 한동안 계속됐다. 이 지역의 이상고온 현상으로 기온이 섭씨 50도를 웃돌고 있으며, 곳곳에서 산불이 장기간 이어졌다.

극지방의 얼음도 빠르게 녹고 있다. 덴마크 연구단체 폴라포털(Polar Portal)은 8월 5일 "그린란드 빙하가 지난주 폭염으로 미 플로리다 전역을 5센티미터 높이의 물로 뒤덮을 정도로 녹았다"고 밝혔다. 연구팀에 따르면 그린란드에서는 7월 28일부터 8월 1일까지 하루 평균 80억 톤씩 총 410억 톤의 빙하가 손실됐다. 중국 정저우에서는 7월, 1년 치에 해당하는 비가 한꺼번에 쏟아졌다. 이로 인한 사망자가 292명, 실종자는 47명에 달했다. 2019년 기상관측 사상 최고의 폭염을 경험했던 서유럽은 2021년 여름 기록적 폭우에 시달렸다. 7월 중순 서유럽 폭우로 독일과 벨기에선 사망자만 210명이 발생했다.

기후과학자들은 '티핑포인트(Tipping Point)'를 얘기하기 시작했다. 티핑포인트란 특정 현상이 폭발적으로 일어나기 시작해 더는 이전으로 되돌릴 수 없는 시점을 말한다. 기후변화에 관한 정부간 협의체(IPCC)는 2018년 총회에서 지구 평균 기온이 산업혁명 전보다 섭씨 1.5도 이상 오르는 경우를 인간이 지구 기후를 통제하기

2021년 8월 그리스에서 두 번째로 큰 섬인 에비아섬의 구브스 마을로 산불이 접근하면서 시뻘건 불길과 연기가 치솟고 있다. 그리스는 최근 기온이 섭씨 42도까지 오르는 등 수십 년 만에 최악의 폭염이 몰아치고 있다.

불가능해지는 티핑포인트로 지적한 바 있다.

북극의 해빙(海氷), 시베리아의 영구 동토층, 남극의 빙상(氷床) 등은 대표적 티핑포인트 대상으로 거론된다. 북극 해빙은 태양의 빛과 열의 80퍼센트 이상을 우주로 반사한다. 해빙이 녹고 바닷물만 남으면 반사율이 10퍼센트 아래로 떨어지면서, 지구 기온이 추가로 상승할 수 있다. 〈투모로우〉의 설명처럼 북극을 감싸고 있는 제트기류가 약해지면서 찬 공기가 대거 중위도 이하로 밀려 내려올 수 있다는 얘기다. 시베리아의 영구 동토층 아래에는 메탄이 갇혀 있는데, 지구온난화로 동토층이 녹기 시작하면서 메탄이 방출돼 온난화를 더 가속할 수 있다는 주장도 나온다. 영구 동토층은 2년 이상 토양이 0도 이하로 유지되는 토양, 암석, 혹은 퇴적물로 대부분 북극이나 남극에 위치한다. 메탄은 이산화탄소보다 온실효과가 20~30배 더 높은 것으로 알려졌다.

21세기 들어 이상기후 재난 급증

남극 빙상도 심각하다. 기후 모델에 따르면, 지구 온도가 평균 2도 올라갈 경우 전 지구 담수의 60퍼센트를 차지하는 남극대륙이 녹아내리게 된다.[1] 그 결과 전 지구 해수면이 지금보다 3.3미터 상승하고 세계 주요 해안 도시들이 물에 잠기게 된다. 문제는 이런 침수가 어느 순간 급격히 몰려온다는 것이다. 남극대륙 위에 있던 초대형 빙상들이 어느 순간 무너져 바다로 갑자기 흘러 들어가면, 앞으로 1년 안에 전 지구적으로 영향을 받을 수 있다.

유엔재난위험경감사무국(UNDRR) 2020년 10월 발표에 따르면 21세기 들어 이상기후로 인한 재난이 급증하고 있으며, 지난 20년간 발생한 재난으로 123만 명이 목숨을 잃었고 42억 명이 손해를 입었다. 〈투모로우〉와 〈지오스톰〉 속 기후 재난이 더 이상 SF영화 속 얘기가 아니라는 말이다. 티모시 렌턴(Timothy Lenton) 영국 엑서터대학 기후변화와 지구시스템과학 교수는 "북극 해빙이 빠른 속도로 줄어들고 있고, 영구 동토층은 이미 이산화탄소와 메탄을 방출하기 시작했다. 이제 기후 시스템에 돌이킬 수 없는 변화가 일어나는 중이거나, 적어도 그 시기가 매우 가까워졌다"고 경고했다.

대재앙 시계 70년 빨라졌다

기온 1.5도 오르면 생길 일

저는 2019년 2월에 태어난 올해 서른한 살의 직장인입니다. 오늘은 2050년 8월 1일 오후 2시, 서울 도심 온도가 섭씨 43도까지 올랐습니다. 게다가 사흘 연이어 찌는 듯한 폭염입니다. 오존 경보는 이제 일상화가 됐습니다. 도심은 하늘에서 내리쬐는 햇볕뿐 아니라, 빌딩마다 내뿜고 있는 에어컨 실외기 열기까지 더해 숨이 막힐 지경입니다. 거리를 걸어 다니는 사람은 찾아보기 힘듭니다. 그나마 간혹 보이는 교통경찰들도 우주인의 그것과 닮은 헬멧을 쓰고 있습니다. 더위는 물론 미세먼지에 오존과도 종일 싸워야 하는 이들을 위해 지난해부터 보급된 냉방 및 호흡기 보호용 특수 헬멧입니다.

매년 여름철이면 주변 고령의 어르신들 부고(訃告)가 많이 들려옵니다. 물론 살인적 더위 때문입니다. 더 심각한 건 앞으로 해가 갈수록 더욱더 더워지리라는 사실입니다. 온실가스로 인한 지구온난화는 이미 돌이킬 수 있는 임계점을 넘어버렸습니다. 미세 플라스틱은 30년 전에도 문제였다고 들었습니다만, 요즘은 더 늘어나고 더 심각해졌습니다.

국내 최초 상설 국가 미래 연구기관 국회미래연구원이 대한민국의 미래를 예측한 보고서 〈2050년에서 보내온 경고〉에 따르면 2050년 한반도는 환경 재앙 수준이다. 기후변화와 환경오염이 심각하게 진행된다는 것이다. 여러 가지 시나리오 중 지금의 추세대로 갈 경우를 가정할 때 일어날 수 있는 가장 가능성이 큰 시나리오다.

가마솥 안 개구리 신세의 지구촌 인류의 운명

기후 위기를 말할 때 흔히 '가마솥 안 개구리'의 비유를 든다. 가마솥에 물을 붓고 살아있는 개구리를 집어넣으면 처음엔 좋다고 헤엄을 친다. 장작불을 지피고 물 온도가 조금씩 올라갈 때까지도 개구리는 무슨 일이 벌어지는지 모른다. 한동안 '아,

따뜻하다'고 여기다가 조금씩 가마솥 온도가 올라가면 '왜 이리 덥지'라고만 생각할 것이다. 하지만 조금 덥다고 느낀 순간 이미 늦었다. 어느 순간 바닥부터 뜨거운 물이 올라오기 시작하면 그것으로 개구리의 목숨은 끝이다. 기후 위기에 앞에 놓인 지구촌 인류의 운명이 가마솥 안 개구리 신세와 다르지 않다.

국회미래연구원의 현재 추세 시나리오에 따르면 2050년 한반도 평균 기온은 2019년 대비 2.8도 상승해 13.8도까지 오를 것으로 예측된다. 서울의 폭염일수는 2021년 2.8일이던 것이 2050년에는 26.6일로 증가한다. 폭염과 대기오염의 정체가 겹칠 때는 야외활동을 할 수 없는 그야말로 숨막히는 도시가 될 것이다.

2017년 11월 인도 뉴델리의 밤거리. 오토바이 운전자들이 매연으로 가득 차 앞이 제대로 분간도 되지 않는 거리를 달리고 있다.

기온 상승과 함께 오존농도도 문제가 된다. 오존은 사람의 눈과 코를 자극하고, 농도가 높아질수록 기도와 폐 기능을 떨어뜨린다. 아직은 큰 문제가 되지 않지만, 2050년엔 미세먼지를 넘어서는 걱정거리로 등장할 것으로 예측된다. 경제협력개발기구(OECD)는 2060년대 한국의 인구 100만 명당 미세먼지와 오존 노출에 따른 조기 사망자 수가 현재의 중국 수준(100만 명당 662명)보다 높은 100만 명당 1109명에 이를 것으로 전망한다. 플라스틱 폐기물 문제 역시 시간이 흐를수록 심각해진다. 세계경제포럼(WEF)의 2016년 발표에 따르면 2014년 1대5이던 플라스틱 폐기물과 바닷물고기 비율은 2050년엔 1대1까지 늘어난다.

기후 위기에 대한 전문가들의 예측은 시간이 흐를수록 더 심각해지고 있다. 기후변화에 관한 정부간 협의체의 실무그룹은 2013년 지구온난화, 즉 평균 기온이 과거 산업화 이전(1850~1900년)보다 0.85도 증가했다고 보고했다. 하지만 2021년 8월에 발표된 실무그룹 6차 보고서에 따르면 상황이 더 심각해져 지구온난화가 이미 1도 이상 진행된 것으로 밝혀졌다. 2001년부터 2020년까지 20년간을 보면 과거보다 0.99도 상승했지만, 최근 10년만 본다면 1.09도 올랐다. 즉 10년 단위로 전 지구의 표면 온도가 계속 상승하고 있다는 걸 알 수 있다.

국제 사회는 2015년 파리기후변화협약을 통해 지구 평균 기

그린란드 근처 캐나다 허드슨만에 있는 연못의 영구 동토층이 해빙되고 있다.

온이 산업화 이전보다 2도 이상 오르는 것을 억제하기로 합의했다. 3년 뒤인 2018년 인천에서 열린 기후변화에 관한 정부간 협의체 제48차 총회에서는 "2도 억제로는 기후 위기의 파국을 막기 어렵다"는 내용의 지구온난화 1.5도 특별보고서를 채택했다. "즉각적이며, 급격하고, 대규모적인 온실가스 배출 저감으로 2050 탄소중립을 달성하지 못하면 지구온난화를 1.5도 아래로 막을 수 없다"는 게 기후 전문가들의 공통된 견해다.

기온이 1.5도 오르는 게 뭐 대수냐고 말할 수 있다. 한반도의 겨울은 영하 10~20도로 내려가는 날이 흔하고, 한여름은 영상 30~40도를 기록하기도 한다. 하지만 평균 기온은 다르다. 사람은 36.5도가 정상체온이다. 어쩌다 감기에 걸려 고체온으로 38~39도를 넘어서거나 혹은 물에 빠져 저체온으로 36도 아래로 내려갈 수도 있다. 하지만 그대로 두면 머잖아 심각한 상황에 처하게 된다.

지구의 평균 기온도 사람의 체온과 다르지 않다. 1.5도 지구 온난화에 도달하면 폭염 발생률이 지금보다 현저히 증가하고, 여름은 더 길어지고 겨울은 더 짧아질 것이다. 이외에도 지구의 물순환이 바뀌면서 집중호우와 가뭄, 폭염 등 여러 기상이변이 속출할 것이다. 여름철 북극과 시베리아 영구 동토층, 남극과 그린란드와 같은 대륙 빙하의 해빙 현상이 가속화될 수 있다. 만약 기온 상승이 2도를 넘게 된다면 그 영향은 더 커지게 된다.

바람직하면서 현실적인 미래 기후 모습

인류가 과연 기후 위기를 극복할 수 있을까. 슬프게도 현재로서는 불가능하리라는 전망이 지배적이다. 기초과학연구원 기후물리연구단장을 맡고 있는 악셀 팀머만(Axel Timmermann) 부산대 석학교수는 이렇게 예측한다.

"정치인들이 앞다투어 선언하고 있지만, 실제로 행동하는 나라는 매우 적다. 지금까지 세계 각국이 해온 대로 계속 대응한다면, 지구온난화는 분명 섭씨 2도를 넘길 것이다. 현재 우리는 1.5도라는 목표를 달성하기 힘든 상황이다. 섭씨 2도 이하 지구 온난화를 유지한다고 해도 운이 좋은 것이라 할 수 있다. 섭씨 1.5도와 2도 사이에 큰 차이가 있다. 만약 기온 상승을 1.5도 이하로 유지할 수 있다면, 남극 빙상을 안정화시킬 수 있다. 하지만 1.5도에서 1.8도를 넘어서면, 남극 서부 빙상의 지속적 유실은 돌이킬 수 없으며 결국 사라지게 될 것이다. 그다음은 엄청난 해수면 상승이 기다리고 있을 것이다."

그럼 우리가 원하는 바람직하면서도 현실적인 미래 기후 모습은 무얼까. 국회미래연구원은 '기후변화가 기회가 되는 시나리오'를 현실적으로 바람직한 미래로 꼽는다. 개발 면적이 줄어들고 녹지가 늘어나서 생태계가 회복되고, 기상이변이 빈발하는 환경에서도 취약계층에 대한 투자와 지원이 충분해 기후변화 대응 역량이 높아진다. 미세먼지가 줄어들어 사람들의 야외 활동이 늘어나고 생태계 서비스가 향상되어 국민의 삶의 질이 좋아진다. 자원순환 기술과 재생에너지에 대한 투자로 녹색산업이 산업발전의 주요한 동력이 된다.[2]

당장 현실도 비관적이다. 2021년 10월 말 이탈리아 로마에서 열린 주요 20개국(G20) 정상회의는 탄소중립 시점을 명확히 제시하지 못하고, 구체적 이행 약속도 없이 막을 내렸다. 의장국 이탈리아를 포함한 주요 선진국들은 탄소중립 시점을 2050년으로 못 박자고 제안했지만, 러시아·중국·인도 등 국가들이 반대해 합의를 이루지 못했다. G20 성명은 탄소중립 목표 달성 시한을 두루뭉술하게 '21세기 중반 무렵'으로 표현했다.

가마솥 안 개구리와 인류의 신세는 같으면서도 다르다. 개구리는 가마솥 안 물이 끓어올라 결국 자신이 죽게 되리라는 사실을 몰랐지만, 인류는 온실가스 감축에 성공하지 못하면 머잖아 공멸하리라는 사실을 알고 있다.

잔치는 끝났고 온실가스 감축만 남았다

2050 탄소중립 실현

탄소중립(Carbon Neutrality, Net Zero). 인간 활동에 의한 온실가스 배출을 최대한 줄이고, 남은 온실가스는 흡수하거나 제거해서 실질적인 배출량을 '제로'로 만든다는 개념이다. 지구온난화로 인한 기후 위기 앞에서 인류가 내놓은 대안은 '탄소중립'이다. 2021년 G20 정상회의는 2050년 탄소중립에 합의하지 못했지만, 어쨌거나 세계 각국은 탄소중립을 향해 달려가고 있다. 미국과 유럽 선진국들은 물론 한국도 2050년 탄소중립을 선언했다. 중국과 러시아는 2060년, 인도는 2070년을 탄소중립 달성 시점으로 내세우고 있다.

인류 생존의 단어가 된 탄소중립

탄소중립은 어떻게 해야 달성할 수 있을까. 탄소를 쓰지 말자고? 현실적으로 불가능한 얘기다. 인류 문명은 곧 탄소 문명이다. 인간은 탄소 없이 살 수 없다. 동물과 식물의 몸을 구성하고 있는 유기물은 탄소를 기반으로 한 화합물이다. 식물은 대기 중의 이산화탄소(CO_2)와 흙 속의 물(H_2O)을 빨아들이고, 햇빛을 이용해 탄소 화합물인 포도당, 즉 에너지를 만들어낸다. 산소는 이런 광합성 과정의 부산물이다. 채식 동물은 그 산소를 마시고, 식물이 그렇게 만들어낸 잎과 줄기, 뿌리를 먹고 힘을 낸다. 사람을 비롯한 동물은 그런 채식 동물이나 식물을 먹고 살아간

스위스 벤켄 지방의 해바라기밭. 폭염과 가뭄으로 말라죽은 해바라기들 사이에서 한 송이 해바라기가 피었다.

다. 그렇게 식물이 만들어낸 산소와 에너지를 먹고 마시면서 식물이 필요로 하는 이산화탄소와 거름을 만들어낸다. 이른바 자연 생태계 속 탄소의 순환이다.

지구라는 행성에서 생물은 지난 40억 년간 이 같은 공생과 순환의 사이클 속에서 생존하고 번영해왔다. 지구에 위기가 닥친 건 생물이란 존재가 생겨나고 39억9965만 년 후인 '아주 최근'의 일이다. 진화의 끝자락에서 호모사피엔스라는 유인원이 나타나고 또다시 진화의 진화를 거듭했다.

호모사피엔스의 나이 35만 년의 끝자락 중 끝자락인 18세기 중반, 지구 운명에 결정적인 변화가 일어났다. 바로 산업혁명이다. 불을 발견했던 인류가 수십만 년의 세월 끝에 땅속 탄소를 대거 끄집어내기 시작했다. 석탄에서부터 시작해 석유, 천연가스까지. 덕분에 인류는 번영을 누리고 있지만, 가마솥 안 물은 서서히 뜨거워지기 시작했다. 1870년에는 대기 중 이산화탄소 농도가 288피피엠(ppm) 수준에 불과했지만 2014년에는 전 세계 이산화탄소 농도 월 평균치가 처음으로 400피피엠을 넘어섰다. 그리고 2020년에는 대기 중 이산화탄소 농도가 413.2피피엠으로 사상 최고치를 기록했다.

탄소중립은 이제 인류 생존의 단어가 되어버렸다. 인류는 탄소를 소비하지 않고 살 순 없지만, 대기 중 이산화탄소 농도를 더 이상 높여서는 안 된다는 사실을 깨달았다. 탄소가 함유된

불가리아의 수도 소피아의 발전소에서 연기가 피어오르고 있다.

나무·석탄·석유·천연가스를 이용해 전기와 열을 만들어내던 기존 방법을 버리고, 탄소가 발생하지 않는 에너지를 찾는 게 급선무가 됐다. 무엇이 있을까. 풍력·수력·태양광과 같은 자연을 기반으로 한 재생에너지가 대표적이다. 하지만 인류의 '에너지 중독'을 채워주기엔 이것만으로 부족하다.

한국의 기후 기술은 미국의 80퍼센트 수준

세계 각국은 이제 각자가 세워놓은 탄소중립 달성 시점에 맞춰 실행 전략을 짜고 있다. 어떻게 하면 탄소 배출을 최대한 줄이고, 이미 대기 중에 짙게 쌓여 있는 탄소를 거둬들일지 고민하는 것이다. 전략의 큰 방향은 어느 나라나 같지만, 구체적인 전술은 차이가 있다. 한국 정부는 2021년 '탄소중립위원회'라는 법정 기구를 세워 탄소중립 시나리오와 구체적 전략을 짜고 있다. 이웃 일본도 2021년 6월 경제산업성을 중심으로 '2050년 탄소중립에 따른 녹색성장 전략'을 발표했다.

한국과 일본 두 나라의 탄소중립 전략에는 결정적 차이가 있다. 일본은 탄소중립을 위한 4대 에너지원 중 하나로 원자력 기술을 내세우고 있다. 기존 원전의 안전성을 최대한 강화하면서 이용하는 것을 시작으로 재생에너지를 뒷받침할 수소를 생산할 초고온가스로, 태양광과 풍력 등 재생에너지의 간헐성을 보완해줄 소형 모듈 원자로(SMR), 핵융합발전 등이 그것이다. 2011년 동일본대지진으로 후쿠시마 원전 폭발 사고와 심각한 방사능 오염을 경험한 일본이 탄소중립 전략에 원자력을 포함한 건 이례적인 일일까. 아니면 현실적으로 불가피한 선택일까.

주한 일본 대사관 측은 "풍력·태양광 등 재생에너지를 최대한 도입할 계획이지만, 수요에 충분히 대응할 수 없어서 원자력도 필요한 규모를 지속적으로 활용하는 방안을 검토하고 있다"고 말했다. 2050년 탄소중립 달성을 위한 전략에 원자력을 포함한 나라는 일본뿐이 아니다. 미국 또한 소형 모듈 원자로는 물론 고속로와 핵융합로 등 다양한 차세대 원전을 탄소중립 전략의 일환으로 포함하고 있다. 중국은 최근 고속로 실증로 건설에 들어갔고, 러시아는 고속로 실증로 운전을 이미 시작했다.

반면 한국은 탄소중립 전략에서 원전 기술이 일체 빠졌다. 우리 정부는 공해가 적은 액화천연가스(LNG)와 탄소 포집 기술을 바탕으로 한 화력발전 등으로 태양광·풍력의 간헐성을 메우겠다는 계획이다. 여기에 수소연료전지 등을 활용한 에너지 저장 및 발전 시설을 보태는 정도다. 국내 과학계는 탄소중립위원회가 과학계의 말에 귀를 틀어막고 있다고 비판한다. 반면 정부 고위 관계자는 "탄소중립위원회 위원들에게 소형 모듈 원자로 등 원자력의 중요성에 대해 수차례 얘기하고 논쟁도 벌였지만, 받아들여지지 않았다"고 털어놓았다.

국가과학기술연구회 산하 녹색기술센터(GTC)가 발간한 보고서에 따르면 한국의 기후 기술은 미국의 80퍼센트 수준인 것으로 나타났다. 유럽연합의 96퍼센트, 일본의 90퍼센트에 불과하며 한국의 기후 기술은 선진국에 못 미친다. "한국과 일본 모두 원자력이나 방사능에 대한 이해가 문제가 되고 있긴 하지만, 원자력 정책을 검토하기 위해선 과학적 근거를 바탕으로 열린 논의가 중요하다." 한국의 탄소중립 전략에 대해 주한 일본 대사관 과학관이 내놓은 의견이다. 대한민국은 지금 어디로 가고 있는 것일까.

인류는 에너지 문제에서 해방할 수 있을까

핵융합, 태양광, 수소

오늘은 역사적 순간입니다. 인류가 화석연료의 대안을 가능한 한 빨리 찾아야 한다는 건 우리 모두가 아는 사실입니다. 핵융합발전은 안전하고 믿음직스러우며 환경적으로 지속 가능한 무한 에너지입니다. 핵융합발전이 보편화한다면, 전기에너지는 굉장한 규모로 확대될 수 있습니다.

2020년 7월 28일 프랑스 남부 카다라슈 현지에서 열린 국제핵융합실험로(ITER) 장치 조립 기념식에서 베르나르 비고(Bernard Bigot) ITER 국제기구 사무총장이 한 말이다. 이날 행사에는 에마뉘엘 마크롱 프랑스 대통령의 환영사는 물론 한국, 중국, 미국 등 회원국 정상들의 축하 메시지도 영상으로 전해졌다. 비고 총장의 말처럼 인류가 과연 에너지 문제에서 벗어날 수 있을까. 그게 가능하다면 언제쯤일까. 그것도 지구온난화를 가져오는 온실가스를 발산하지 않는 에너지로 말이다.

석탄과 석유, 천연가스가 없는 세상

한여름 폭우가 계속되는 한반도와 섭씨 51.5도의 상상하기 힘든 혹서가 몰아친 중동. 당장 지구촌 곳곳이 맞닥뜨리고 있는 기상이변이 에너지 문제에서 촉발됐다는 사실은 익히 아는 바다. 범인은 원자번호 6번, 탄소(C)다. 탄소가 함유된 화석연료가 타면서 이산화탄소(CO_2)를 만들고, 이것이 하늘로 올라가 이불처럼 대기권을 뒤덮어 지구온난화를 일으킨다. 석탄이든 석유든, 심지어는 청정에너지라 자랑하는 천연가스조차도 이런 탄소를 가지고 있다.

석탄과 석유, 천연가스가 없는 세상의 궁극적 대안 에너지는 무얼까. 과학자들은 이제 땅속이 아닌 태양에너지를 얘기한다. 과학자들의 전망에 따르면, 21세기가 가기 전 인류를 에너지로부터 자유롭게 만들어줄 강력한 발전원 후보로 핵융합과 태양광이 손꼽힌다.

국제핵융합실험로 토카막 피트 베이스 설치 모습. 토카막(Tokamak)은 러시아어로 '도넛 모양의 자기 핵융합 실험 장치(Toroidal Chamber Magnetic Coils)'의 머리글자를 딴 말로 ITER 핵심 시설을 뜻한다. 핵융합반응에 필요한 초고온의 플라즈마(Plasma)를 자기장을 이용하여 담아두는 장치다.

한국형 초전도 핵융합 연구장치(KSTAR)에 들어간 토카막의 모습이다.

핵융합발전은 태양이 영겁의 세월을 거쳐 불타고 있는 원리를 그대로 가져온 것이다. 수소 원자핵이 충돌해서 헬륨 원자핵으로 바뀌는 핵융합반응이 태양에너지의 원천이다. 수소 핵융합 과정에서 약간의 질량이 줄어드는데, 이 질량이 에너지로 변해서 태양을 타오르게 한다. 핵융합발전도 동일한 원리로 수소를 연료로 사용한다. 수소는 지구의 3분의 2를 덮고 있는 물(H2O)의 주요 원소다. 방사성 물질도 아니고, 온실가스를 배출하는 것도 아니기 때문에 환경 문제를 걱정할 필요도 없다. 이런 점들 때문에 핵융합에너지는 '꿈의 에너지'라 불린다.

문제는 꿈의 에너지를 지구상에서 실제로 구현하기가 쉽지 않다는 점이다. 수소 핵융합을 일으키려면 섭씨 1억 도 이상의 온도를 유지해야 하는데 1억 도의 '온도'를 올리는 것도, 그 정도의 온도를 담아낼 '그릇'을 만드는 것도 어렵기 때문이다. 이런 이유로 1955년 처음 제기된 핵융합발전은 수십 년간 이론으로만 존재했다.

하지만 과학기술이 빠른 속도로 발전하면서 2006년 ITER 프로젝트가 공식 출범하고, 2010년부터 공사를 시작했다. 현재 계획대로라면 ITER는 오는 2025년 첫 불을 지피고, 2050년이면 상용화에 들어갈 것으로 전망된다. 중국 등 앞선 국가들은 이미 핵융합발전을 위한 실증로 건설 작업에 들어갔다. 핵융합이 머잖은 미래에 꿈이 아닌 현실의 에너지가 될 수 있다는 얘기다.

2050년 상용화될 핵융합발전

이미 신재생에너지의 대표 주자로 떠오른 태양광발전도 제대로만 개발된다면 엄청난 에너지원이 될 수 있다. 지구에 쏟아지는 태양에너지는 전 세계 에너지 소비량의 약 1만 배에 달한다. 테슬라의 일론 머스크는 "태양광만으로도 인류가 필요한 모든 전기에너지를 만들어낼 수 있다"고 말한 바 있다. 현재 다양한 분야에서 두루 쓰이는 실리콘 기반 태양광 전지는 최고 26퍼센트의 발전 효율을 보이지만, 인공위성 등에 쓰이는 특수 태양전지의 경우 47퍼센트 이상의 효율을 나타내고 있다.[3] 앞으로 80년 뒤인 22세기 태양광발전은 인간이 헤아리기 어려울 정도로 발전해 있을 것이다.

에너지 전문가들은 미래 에너지는 핵융합과 태양광, 수소가 공존하는 형태가 될 것으로 전망한다. 2019년까지 ITER 사무차장을 지낸 이경수 박사는 "핵융합이 지금의 원자력발전처럼

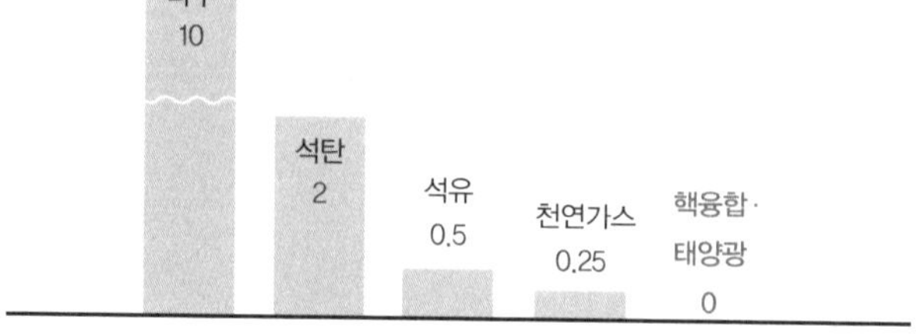

에너지별 수소 대비 탄소 비율

전체 발전원 중 기본이 돼 24시간 돌아가는 기저부하(基底負荷)의 임무를 맡고, 태양광이 낮 동안 전기에너지를 생산하며 보조 역할을 하면 된다"고 말했다. 핵융합이나 태양광발전으로 남아도는 에너지는 물의 전기분해, 즉 수전해를 통해 수소(H_2)를 생산, 저장했다가 연료전지발전 형태로 꺼내 쓸 수 있다는 것이다.

이쯤 되면 '기술결정론이 그리는 유토피아'라는 비판이 나올 수 있다. 핵융합과 태양광 기술이 숙성할 때까지 인류는 과연 화석연료의 부작용인 지구온난화와 기상이변에서 살아남을 수 있을까. 스웨덴 환경운동가 그레타 툰베리는 "총체적 기후 위기로부터 지구를 살려낼 수 있는 시간은 오직 10년 미만이다"고 외친다. 어떤 수단을 동원해서든 당장의 화석연료 사용을 크게 줄여야 한다는 얘기다. 이 때문에 세계 곳곳에서 애물단지 신세가 된 원자력발전이 대안으로 강력히 거론되고 있다. 마이크로소프트의 빌 게이츠가 지구온난화 위기의 대안으로 4세대 원전을 주장하는 이유이기도 하다.

꿈의 에너지 세상은 먼 미래가 아니다. 나도 최소 30~40년은 더 살 것이고, 내 아이와 손자 세대는 22세기까지 살아남을 것이다.

탈탄소화 여정 끝에 수소가 있다

수소경제 전환

탈탄소화란 연료에서 단위 질량당 탄소의 수가 적어지는 것을 말한다. 나무 연료는 수소(H) 원자 한 개에 탄소(C) 원자 열 개, 석탄은 수소 원자 한 개에 탄소 원자 한두 개, 석유는 수소 원자 두 개에 탄소 원자 한 개, 천연가스의 경우 수소 원자 네 개에 탄소 원자 한 개가 결합한다. 탈탄소화 여정 끝에 수소가 있다.

미국의 문명 비평가 제러미 리프킨이 저서 『수소 혁명』에서 인류의 탈탄소화와 수소경제에 관해 설명한 글이다. 리프킨은

수소연료에는 석탄, 석유, 천연가스와 달리 탄소 원자는 전혀 포함돼 있지 않다. 수소에너지는 대체에너지와 함께 탈탄소사회로 가는 핵심 에너지원으로 떠오르고 있다.

"수소가 미래의 주요 에너지원으로 등장한다는 것은 인류 역사를 지배해온 탄화수소에너지의 종말이나 마찬가지"라고 말한다.

리프킨이 역설한 수소경제가 과연 한국 땅에서 뿌리내릴 수 있을까. 한국 정부는 지난 2019년 수소경제가 한국의 새로운 성장 동력이 될 것이라 선언했다. 당시 대통령은 울산에서 열린 수소경제 로드맵 발표 행사에서 "2030년 수소차와 연료전지에서 모두 세계 시장점유율 1위를 달성하는 것이 목표"라고 밝힌 바 있다. 수소차 보급을 2019년 4천 대까지 늘리고, 2022년 8만 1천 대, 2030년 180만 대를 거쳐 이후 수백만 대 시대로 빠르게 확대해 나갈 계획이라 밝혔다. 또 지금까지 누적 1조 원

수준인 수소경제 효과는 2022년 16조 원, 2030년 25조 원으로 규모가 커지고, 고용 유발 인원은 지금까지 1만 명 수준에서 2022년 10만 명, 2030년 20만 명으로 늘어날 것이라 말했다.

탈탄소화와 수소경제에 대한 두 가지 시각

대통령이 수소경제에 자신감을 보이는 데는 이유가 있다. 현대자동차가 2013년 세계 최초로 수소연료전지차를 양산하는 등 기술력으로 볼 때 세계 어느 나라에도 뒤지지 않기 때문이다. 정부 차원에서 수소경제를 추진하겠다고 밝힌 것은 이번이 처음이 아니다. 2005년에도 정부는 '친환경 수소경제 구현을 위한 마스터플랜'을 내놓았다. 하지만 당시엔 기술력 부족 등으로 목표를 제대로 달성하지 못했다.

수소경제는 학계에선 물론 정부를 지지하는 세력 내에서도 의견이 갈린다. 수소경제를 지지하는 사람들은 수소는 우주의 75퍼센트를 차지할 정도로 무한한 에너지이며, 온실가스를 배출하지 않는 대표적 청정에너지라고 주장한다. 수소가 리튬 이온 배터리를 이용한 에너지저장장치(ESS)보다 전기를 장기간 손실 없이 안전하게 저장할 수 있다는 장점도 내세운다. 수소연료전지차는 전기차보다 주행거리는 길고, 충전 시간은 짧은 점이 매력이다. 주행하면서 대기 중의 미세먼지를 정화하는 효과도 있다. 수소연료전지는 그 자체가 작은 발전소이기 때문에 발전원을 최종 소비자 가까이에 따로 배치하는 이른바 '분산전원'(分散電源)이라는 세계적 흐름에도 부합한다.

반면 수소경제를 반대하는 사람들은 기술적 측면뿐 아니라 세계적 흐름이나 수용성 측면에서도 적합하지 않다고 말한다. 수소경제에 정책과 예산을 분산하기보다는 태양광과 풍력 등 신재생에너지의 더 빠른 확대를 주장하는 국회의원이자 환경운동가인 양이원영이 대표적 인사다. 그는 "수소는 청정에너지도 아닐 뿐 아니라 효율도 떨어진다. 세계적으로 수소경제는 물론 수소차도 이미 경제성이 없는 것으로 판가름 났다. 세계시장에서는 자동차도 전기차 쪽으로 기울고 있는데, 한국만 수소차를 추구한다는 것은 갈라파고스, 즉 고립으로 이어진다"고 말한다. 수소차를 살 나라가 없는데, 수출로 먹고사는 나라에서 수소차를 만드는 게 옳은 일이냐는 주장이다.

정치권에서도 대통령의 로드맵 발표에 대해 "현실성 낮은 수소에너지를 개발하겠다는 것은 비효율과 손실, 미세먼지와 이산화탄소 등 환경오염 우려에도 불구하고 태양광과 천연가스의 수요를 높이기 위한 구실"이라 주장했다.

수소경제의 진실은 어디에 있을까. 수소경제 논란에 대해 하나씩 살펴보자.

“수소는 청정에너지 아냐”

반은 맞고 반은 틀린 주장이다. 수소경제 반대론자들은 연료전지에 필요한 수소를 생산할 때도 이산화탄소와 같은 온실가스가 발생하기 때문에 지구온난화를 막는 대안이 될 수 없다고 말한다. 수소는 우주의 75퍼센트를 차지할 정도로 가장 흔한 원소이지만, 지구상에서는 수소 홀로 존재하지 않는다는 것이 치명적 약점이다.

현재로서는 석유 정제 과정에서 나오는 부생(副生) 수소와 천연가스를 분해해서 얻는 수소가 대부분이다. 교과서에 나오는 물의 전기분해를 통해 얻는 수소는 청정하지만 아직은 효율이 떨어져 실험실 수준에 그치고 있다. 천연가스 주성분인 메탄(CH_4)이나 휘발유 주성분 옥탄(C_8H_{18})의 화학식에서 알 수 있듯, 수소를 분리해내면 온실가스의 핵심 원소인 탄소 또한 자연스럽게 나오게 된다.

그렇다고 대안이 없는 건 아니다. 독일에서는 이미 천연가스를 통해 수소를 얻으면서도 대기 중에 온실가스를 배출하지 않는 기술을 상용화했다. 천연가스 주성분인 메탄가스에 수증기(H_2O)와 이산화탄소(CO_2)를 주입해 온도를 올리면 수소(H)와 일산화탄소(CO)로 분리되는데, 이 일산화탄소를 플라스틱 원료로 공급하는 방법이다. 태양광이나 풍력, 수력, 원자력 등으로 생산한 전기가 남아돌 때, 전기를 이용해 물을 수소와 산소로 분리하는 수전해를 통해 수소를 생산하는 방법도 여전히 유효하다.

저렴한 비용으로 물을 전기분해해 수소를 생산하는 연구는 꾸준히 이어지고 있다. 한국은 물론 전 세계에서 깨끗한 방식의 수소 생산을 위한 연구개발 투자를 늘려가고 있다.[4] 이런 추세가 계속될 경우 2030년쯤이면 경제성을 갖춘 수전해 수소 생산 기술이 완성될 것으로 보인다.

"수소는 효율이 떨어져"

수소경제 반대론자들은 천연가스로 터빈을 돌려 곧바로 전기를 만들어 사용하는 게 더 효율적이라고 말한다. 천연가스를 분해해 수소로 만든 뒤, 다시 산소와 반응시켜 전기를 발생시키는 과정에서 효율이 떨어질 수밖에 없다는 것이다. 이들은 수전해 역시 전기로 물을 분해해서 수소를 만든 뒤, 이를 다시 연료전지에 넣어 전기를 만드는 방법은 비효율적이라고 말한다. 그보다는 2차전지를 이용한 전기 충전소를 많이 만들면 된다는 게 이들의 주장이다. 천연가스를 연소시켜 발전하면 50퍼센트 이상 에너지가 전기로 바뀌고, 이때 발생하는 열을 난방에 이용하면 효율이 90퍼센트 이상 오른다.[5]

이런 논리는 수소경제 찬성론자들도 어느 정도 인정한다. 하지만 이들은 수소차와 전기차의 장단점을 들어 수소의 강점을 역설한다. 수소차는 상대적으로 충전 시간(5분 이내)이 빠르고, 장거리(500~600킬로미터)를 갈 수 있다. 전기차와 비교할 때 수소차는 덩치가 클수록 유리하다.[6] 전기차는 덩치가 커지는 만큼 배터리를 더 많이 실어야 하지만, 수소차는 연료전지에 수소 저장 탱크만 추가로 달면 되기 때문이다. 버스나 트럭, 기차는 수소가 유리하고 소형차나 경차는 전기차가 유리하다. 어느 한쪽을 택하기보다는 수소차와 전기차가 병존하는 길을 찾는 것이 더 현명하다.

수소경제는 트렌드 아니다

수소경제는 2000년대 초반 한때 인기를 얻는 듯했으나 기술력 부족과 경제성 확보 등의 문제로 열기가 식었다. 수년 전부터 지구온난화로 기후 위기가 심각해지면서 수소경제 열풍이 다시 거세게 불고 있다. 대표적 국가가 일본이다. 일본 정부는 2018년 수소사회 실현을 위한 수소 기본 전략을 세우고, 2050년까지의 수소사회 실현을 위한 로드맵을 확정했다. 수소경제를 위한 인프라 보급은 세계에서 가장 앞서가고 있다. 일본은 2018년 말 기준으로 210기의 수소 충전소를 갖췄다. 수소차 상용화는 한국 현대차가 가장 앞섰지만, 일본 도요타는 2014년 수소연료

○ 한국과 일본의 수소연료전지차 ○

차종	현대 넥쏘	도요타 미라이	혼다 클래리티
출시일	2018년 3월	2014년 12월	2016년 3월
가격	7000만 원대	6000만 원대	7000만 원대
주행거리	609km(한국)	502km(북미)	589km(북미)

전지차 미라이를 출시해 판매하고 있다.

독일은 2018년 세계 최초로 수소기차를 시범 운행했으며, 2040년까지 디젤기차를 전량 폐기하기로 했다. 독일 정부는 2030년까지 수소차 180만 대, 수소 충전소 1천 개 확보를 목표로 하고 있다. 중국도 2017년 '수소 이니셔티브'를 선언하고, 전기차 보급과 별개로 2030년까지 수소차 100만 대와 수소 충전소 1천 개소 설립을 목표로 내세웠다.

수소는 장점만큼이나 인프라 구축에 많은 돈이 들고, 기술적으로도 아직 성숙하지 못한 부분이 있다.[7] 전 세계 주요국들이 다시 수소경제에 시동을 걸고 있으므로 한국이 경쟁우위에 있는 수소 분야 투자를 선점해 미래 성장 동력을 이끌어가야 할 것이다.

친환경 천연가스로 수소사회 앞당긴다

가스경제와 에너지 패권

경기도 화성의 한국지역난방공사 동탄지사는 외부인 출입이 철저히 통제되는 보안 구역이다. 옥상에는 열여섯 개의 거대한 환풍구가 있고, 벽 안쪽에는 물이 폭포처럼 쏟아지는 건물이 도로를 따라 길게 자리 잡고 있다. 액화천연가스를 이용해 전기와 열을 동시에 생산하는 '집단 에너지 시설'인 열병합발전소 일부다.

한쪽으로 발전소와 어울리지 않는 주차 타워 모양의 건물 두 동이 서 있다. 3층 높이의 건물은 내부가 훤히 들여다보인다. 내부에는 가로와 세로, 높이가 각각 3×8×2미터 크기의 컨테이너가 가득차 있다. 1층에 한 개, 2층과 3층에 각각 여섯 개로 한 동당 열세 개이고, 두 동을 합치면 총 스물여섯 개다. 외부에서 들어오는 노란색 파이프가 각각의 컨테이너로 직접 연결돼 있다.

이 컨테이너의 정체는 천연가스 기반 수소연료전지다. 천연가스에서 추출한 수소와 공기를 반응시켜 전기와 열을 생산하는 친환경에너지 발전소다. 천연가스를 태워 물을 데우고 터빈을 돌려 전력을 생산하는 기존 열병합발전소와는 다르다. 발전능력 11.44메가와트[MW, 열 생산 시간당 8.8그램칼로리(Gcal/h)] 규모로, 연간 약 9만 메가와트시(MWh) 전력은 전력거래소를 거쳐 수도권 약 2만5천 가구에 공급하고, 열은 동탄 시내 약 9천 세대에 직접 공급할 예정이다. 천연가스는 동탄에서 오산 방향으로 약 6킬로미터 지점에 있는 한국가스공사 시설에서 직접 공수한다. 연료전지에 연결된 노란색 파이프가 바로 천연가스 공급로다.

탄소 배출이 적은 천연가스, 대체에너지로 각광

'가스경제'(Gas Economy)시대가 본격적으로 열리고 있다. 미국이 셰일가스에 힘입어 2017년부터 천연가스 순 수출국으로 변신하는 등 세계적으로 에너지 패권이 석유를 무기로 한 중동 국가에서 천연가스 생산을 확대하는 미국과 러시아 등으로 이동하고 있는 것이 주된 이유다. 지구온난화 대처 과정에서 친환경발전 바람이 불면서, 석탄과 석유에 비해 상대적으로 탄소 배출이 적은 천연가스가 각광받고 있기 때문이기도 하다.

한국 역시 가스경제에 본격적으로 뛰어들어 정부는 2019년 1월 '수소경제 활성화 로드맵'을 발표했다. 이에 따르면 한국은 2030년 수소차와 연료전지에서 모두 세계시장점유율 1위를 달성하는 것이 목표다. 정부는 한국지역난방공사 동탄지사와 같은 연료전지발전소를 2040년까지 총 17.1기가와트(GW) 규모로 대폭 늘릴 계획이다. 현재 314메가와트 수준인 연료전지 용량의 약 54배에 달하는 규모다. 이를 위해 2040년까지 수소 공급 능력을 총 526만 톤까지 키운다는 구상이다.

문제는 이 많은 수소를 어떻게 생산하느냐다. 수소경제는 무공해 청정에너지를 표방하지만, 당장 수소를 대량 생산할 방법은 천연가스 개질(改質)뿐이다. 천연가스를 높은 온도의 수증기와 반응시켜 수소 분자를 분리시키는 방법이다. 석유화학 공정에서 나오는 부생 수소도 있지만, 연료전지에 쓸 수 있는 양은 10만 톤에 불과하다. 태양광과 같은 수전해 방식으로 수소를 생산하려면, 앞으로 최소 10년 이상 기술을 더 쌓아야 한다. 결국 가스경제는 수소경제로 가기 위한 중간 기착지 역할을 하는 셈이다.

물에서 수소를 추출하는 방식과 태양광, 풍력, 수력 등 무공해 재생에너지로 수소를 생산하는 것이 '수소사회의 이상향'이지만, 당장은 경제성과 안정성이 부족한 것이 사실이다.[8] 수소경제 초기에는 석유화학 공정에서 나오는 부생 수소와 천연가스 등을 변환해 얻는 '추출 수소'를 중점적으로 이용하고, 향후 호주와 일본 등 해외에서 들여오는 '수입 수소'와 물을 전기분해해 얻는 '수전해 수소'의 비중을 점차 늘려간다는 계획이다.[9]

세계 최대 기지 보유, 한국 가스 인프라 탁월

한국이 당분간 가스경제로 갈 수밖에 없는 또 다른 이유는 지구촌 전체의 온실가스를 줄이기 위한 파리기후변화협약 때문이다. 협약 준수의 현실적 대안도 원자력발전이 아니면 태양광 혹은 천연가스발전에서 찾을 수밖에 없다. 한국 정부가 탈원전 정책을 고수한다면 선택지는 더욱 줄어들 수밖에 없다.

천연가스는 이처럼 수소경제를 선언한 정부에 매력적일 수밖에 없다. 한국은 단일 기지로는 세계 최대 천연가스 저장 능력을 보유한 평택 LNG 터미널을 비롯해 LNG 저장 탱크만 총 72기를 보유하고 있다.[10] 게다가 총 4790킬로미터에 달하는 주배관을 통해 전국 75퍼센트가 넘는 지역에 천연가스를 보급할 수 있는 등 연결성도 뛰어나다.

독일 등 서유럽과 러시아를 연결할 새로운 천연가스 파이프라인 '노르트스트림2'에 쓰일 자재들이 독일 북부 항구도시 사스니츠에 쌓여 있다.

현재 운영 중인 압축천연가스(CNG) 충전소도 200여 개소에 이르는 것으로 알려졌다. 특히 2022년 310개소, 2040년 1200개소가 필요한 수소차 충전소의 경우 이 같은 전국적 가스 보급망을 이용하면, 기존에 있던 가스 충전소에서 개질기를 설치해 '온사이트'(On-site) 수소 충전소를 세울 수 있다는 것이 전문가들의 생각이다. 정부도 천연가스 공급망과 수요지 인근에 수소 생산기지를 구축하는 등 관련 인프라도 확충한다는 계획을 세우고 있다.

유라시아 지역 경제 협력과 발전을 도모하기 위해 개설된 북방경제협력위원회의 주된 임무 중 하나도 한국과 러시아 간 천연가스 파이프라인 연결이다. 파이프라인을 통해 공급되는 천연가스(PNG)는 LNG에 비해 액화 공정 등 비용이 적게 들어 저렴하다는 장점이 있다.[11] 향후 남북관계가 더 진전되면, 한국도 러시아와 북한을 연결하는 파이프라인을 통해 천연가스를 수입하는 방안도 고려할 수 있다.

외국의 경우 전 세계적으로 환경 규제가 강화됨에 따라 탄소 함량이 상대적으로 적은 천연가스에 대한 수요가 늘어나고 있다. 덕분에 천연가스 수요는 연평균 1.6퍼센트씩 꾸준히 높아져 2040년 전력 생산과 산업 부문 모두에서 45퍼센트가량 증가할 전망이다. 국제에너지기구(IEA)는 향후 20년 뒤 전 세계 에너지 수요의 4분의 1을 천연가스가 차지하게 될 것으로 예측하고 있다.

일본은 2017년 총리가 세계 최초로 수소사회를 실현하겠다고 선언한 바 있다. 이에 따라 2030년까지 국제 수소 공급망을 구축하고, 재생에너지 기반 수소 생산 기술을 확보한다는 로드맵을 수립해 추진하고 있다. 하지만 그 내막은 한국처럼 천연가스에 의지하고 있다. 일본 수소 시장 전망치에 따르면 2030년에 1차 에너지 공급량에서 천연가스가 가장 큰 비중을 차지하고 다음이 원자력이다.

가스경제는 수소경제로 가는 중간 기착지

가스경제를 뒷받침할 천연가스는 얼마나 있을까. KDB미래전략연구소 산업기술리서치센터에 따르면 확인된 세계 천연가스 매장량은 1432억 톤(2017년 기준)으로, 연간 약 27억 톤이 생산되고 소비된다고 가정할 때 향후 50년 이상 사용할 수 있을 것으로 전망된다. 최근 세계 곳곳에서 발견되고 있는 셰일가스의 잠재적 매장량까지 고려하면, 향후 200년까지도 천연가스를 쓸 수 있을 것으로 전문가들은 예측하고 있다.

미국 에너지정보관리국(EIA)에 따르면 매장량 기준으로는 러시아가 가장 많은 천연가스를 보유하고 다음으로 이란, 카타르, 미국, 사우디아라비아 순이다. 하지만 생산량 기준으로 보면 순서가 달라진다. 미국은 풍부한 셰일가스 개발을 바탕으로 2009년 러시아를 제치고 세계 1위의 천연가스 생산국으로 떠오른다. 다음으로 러시아, 이란, 중국, 캐나다, 카타르 순이다.

미국의 셰일가스는 2040년 전 세계 천연가스 공급량의 60퍼센트를 차지할 전망이므로 향후 미국의 영향력은 더 확대될 것이다. 러시아도 만만한 상대는 아니다. 파이프라인을 통한 천연가스 수출은 세계 1위로 시장점유율이 29퍼센트에 달한다. 특히 유럽의 러시아산 가스 의존율은 절대적이라 할 수 있다. 유럽 최대 경제대국 독일은 가스 수입량의 51퍼센트를 러시아에 의존하며 오스트리아, 핀란드, 헝가리는 수입 가스의 100퍼센

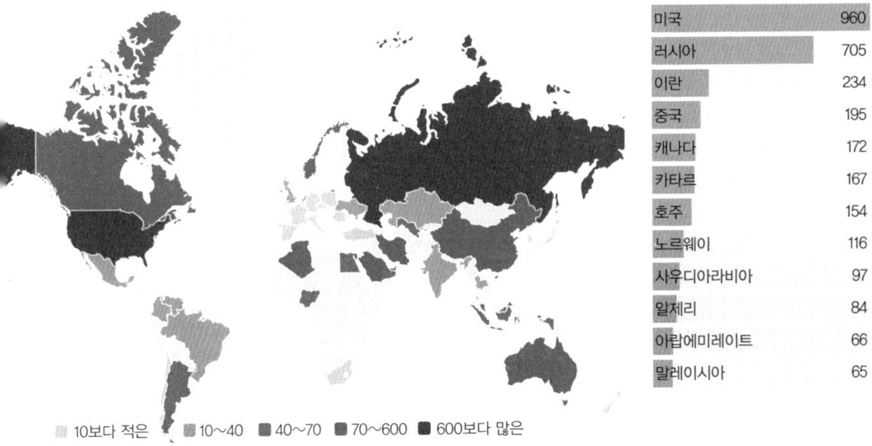

○ 국가별 천연가스 생산량 ○

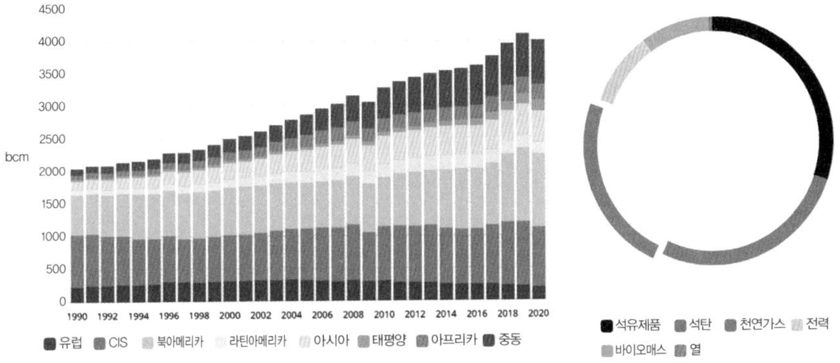

○ 1990~2020년 전 세계 천연가스 생산량 추이 ○

트가 러시아산이다. 북방경제협력을 추진하고 있는 한국 역시 러시아에 기대볼 만하다.

천연가스가 기존 석탄과 석유에 비해 친환경적이지만 이산화탄소를 배출하는 화석연료인 것은 분명하다.[12] 가스경제가 장기화하면 유엔 기후변화에 관한 정부간 협의체가 경고한 환경 문제가 심각해질 수 있는 만큼, 완전한 수소경제로 넘어가는 가교 역할을 하는 정도가 이상적이다.

잘 쓰면 청정 무한 에너지

포항 지진 원흉 지열발전

> 피해를 본 포항 시민들께 깊은 유감을 표합니다. 현재 중지된 지열(地熱)발전 상용화 기술 개발 사업은 관련 절차를 거쳐 영구 중단시키겠습니다.

2019년 3월 20일 포항 지진 정부조사연구단이 포항 지진은 지열발전이 원인이라고 발표하자, 주무 부처인 산업통상자원부가 내놓은 입장문이다. 정부 발표처럼 지열발전은 포항 지진을 계기로 앞으로 다시는 못 하게 될까. 포항 지진 원인은 밝혀졌지만 여전히 궁금증은 남는다. 지열발전을 둘러싼 궁금증을

팩트체크 형식으로 풀어본다.

전기도 생산하고 난방도 해결

우선 정부가 지열발전 자체를 포기한 것은 아니다. 산업통상자원부 관계자는 "'영구 중단'이란 표현은 문제가 된 포항 지열발전을 중단한다는 얘기다. 포항 지열발전의 문제점을 잘 살펴본 뒤 추후 연구를 결정하게 될 것"이라고 말했다. 한국처럼 화산지대가 없는 지역의 지열발전 이용 기술은 2000년대 이후 세계적으로 상용화를 시작했다. 포항 지진 사고 때문에 지열발전 연구 자체가 중단되지는 않을 것이다.

지열발전이란 무얼까. 땅속은 깊이 들어갈수록 뜨거워진다. 이런 땅속의 열을 이용해 전기를 생산하는 게 지열발전이다. 한국지질자원연구원에 따르면 땅속은 100미터를 내려갈수록 평균 온도가 2.5도씩 올라간다.

지열의 원천은 두 가지다. 첫째는 지구 내부 고온의 핵이 식으면서 방출하는 열이다. 지구는 겉을 감싸고 있는 지각(5~35킬로미터)과 그 아래 맨틀(2900킬로미터) 그리고 외핵(2900~5100킬로미터)과 내핵(5100~6400킬로미터)으로 이루어져 있다. 고체 상태로 추정되는 지구 중심 내핵 온도는 약 섭씨 6천 도에 달한다. 지각을 구성하고 있는 암석 속 방사성 동위원소가 붕괴하면서

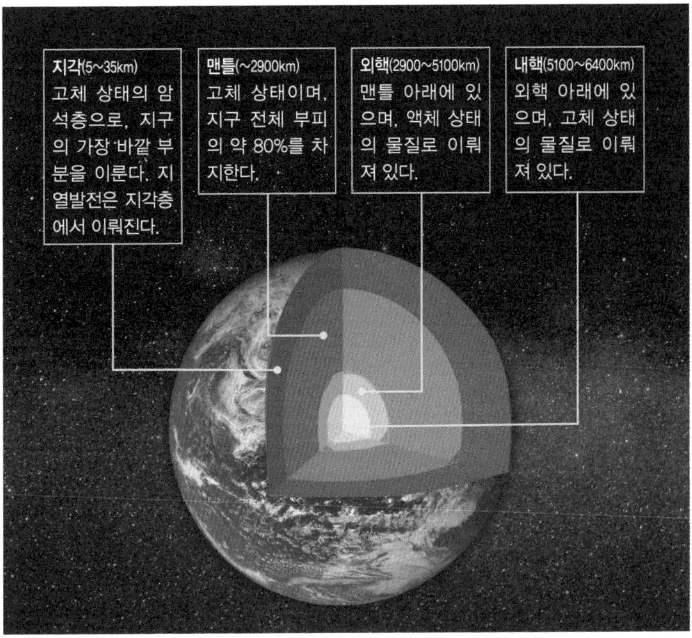

지구는 태양열이 없어도 그 자체로 에너지 덩어리다. 땅속 온도는 아래로 내려갈수록 올라간다.

내는 열도 땅속을 뜨겁게 만드는 중요 열원이다.

지열발전은 발전을 하고도 남은 뜨거운 물이나 고압의 수증기를 지역난방에 사용할 수 있다. 이처럼 환경오염이 없고, 연료가 고갈될 염려도 없어서 '천연의 무한 청정에너지'라 불리기도 한다.

지질자원연구원 관계자는 "지열발전은 일단 설치해놓으면 태양광, 풍력 등과 달리 비가 오거나 밤에도 24시간 전기를 생

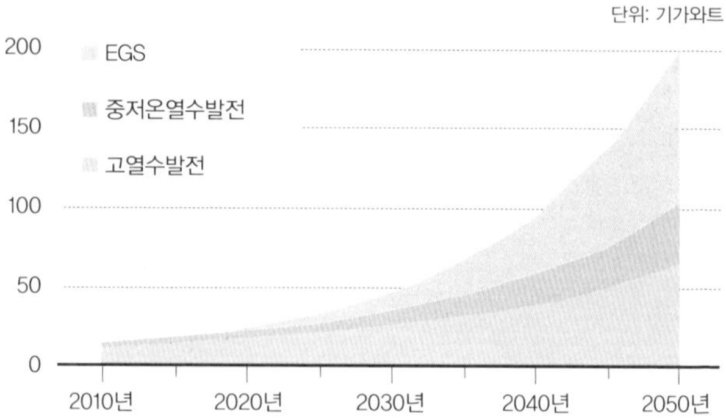

세계 지열발전 설비 능력 추이와 전망

산할 수 있어 가동률이 매우 높으므로, 여러 재생에너지원 중에서도 발전의 최우선 순위인 기저부하로 사용할 수 있는 발전 방식"이라고 말했다. 그간 정부가 지열발전을 위한 연구개발 프로젝트를 진행해온 이유다.

지열발전에는 여러 방법이 있는데 크게 고온 열수발전, 저온 바이너리(Binary)발전, 인공 지열 저류층 생성 기술(EGS, Enhanced Geothermal System)의 세 가지로 나뉜다.

우선 고온 열수발전은 지하 2~3킬로미터에 있는 180도 이상 고온 지열 저류층까지 시추공을 뚫고, 이를 통해 땅 위로 솟구치는 증기로 발전기 터빈을 돌려 전기를 생산하는 방법이다. 일본이나 아이슬란드처럼 화산이 발달한 지역에서 주로 사용한다. 1904년 이탈리아 투스카니 지방에서 지열 증기를 이용해 전구 다섯 개를 밝힌 게 시초다.

전 세계 지열발전 설비 용량의 90퍼센트가 이런 고온 열수발전 방식을 이용한다. 아이슬란드의 경우 북위 60도 이상 추운 지역에 있지만, 국토 대부분이 화산지대에 올라앉아 있다. 덕분에 전기 생산의 90퍼센트를 지열발전에 의존하고 있다. 미국 캘리포니아의 가이저스필드 지열발전(Geysers Geothermal Field)은 세계 최대 지열발전소로, 원자력발전소 1기의 발전 능력을 넘어선다. 총 스물여섯의 터빈으로 구성돼 있으며 발전 용량은 1.5기가와트에 달한다.

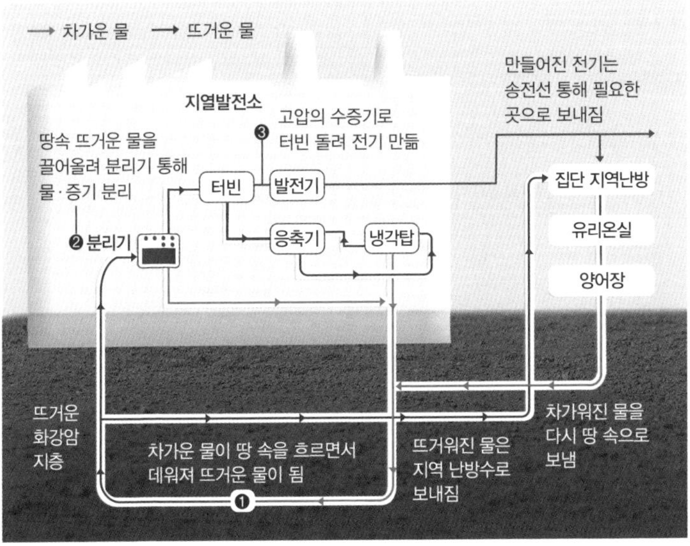

열수를 이용한 지열발전 원리. 일본이나 아이슬란드처럼 화산이 발달한 지역에서 주로 사용한다.

화산지대 아닌 곳도 가능한 EGS 지열발전

저온 바이너리발전은 지열수 온도가 상대적으로 낮은 180도 아래일 때 쓰는 방법이다. 유기 냉매 등 끓는점이 낮은 냉매와 지열수의 열교환을 통해 고온 고압으로 변한 냉매가 터빈을 돌려 전기를 생산하는 방식이다. 미국 알래스카에서는 74도의 지열수로 200기가와트급 발전기 세 대를 돌리고 있다.

EGS는 한국처럼 화산지대가 아니면서 지하에 충분한 지열수가 없을 때 사용하는 방식이다. 약 4~5킬로미터 깊이까지 땅에 구멍을 뚫은 뒤, 물을 내려보내고 땅속에서 가열된 증기를 끌어올려 터빈을 돌리고 전기를 생산하는 방법이다. 2017년 포항 지진을 일으킨 넥스지오의 지열발전이 이 방식을 사용했다. 넥스지오는 포항지열발전소 주관사다.

과거에는 굴착 기술이 발달하지 않아 이런 심부 지열발전은 이론적으로만 가능하다고 여겼으나 2000년대 들어 기술이 발전하면서 상용화됐다. 포항은 예기치 못한 단층의 존재와 이상이 생겼을 때 절차에 따라 대응하지 못하는 등의 이유로 결국 인공 지진이라는 참사를 낳았지만, 독일과 프랑스 등 유럽 일대 여덟 곳에서는 이미 상용 발전을 시작했다.

정부는 왜 하필 경주 지진이 일어난 바로 옆 도시인 포항을 택해 지열발전을 시도했을까. 지질자원연구원에 따르면 땅속 온도가 높은 전국의 후보지를 물색한 결과 인천 석모도, 포항,

제주도가 후보지로 꼽혔으며, 그중에서도 포항이 EGS 지열발전 최적지로 결정됐다. 특히 포항 흥해읍 일대 땅은 상부에 점토층이 있어 열 보존에 적합하고, 지하 하부 온도도 전국에서 가장 높은 지역이다. 물론 2016년에 경주 지진이 발생하기 전의 판단이었다.

지열을 이용해 냉난방하는 방법도 적용 가능

이 같은 연구 조사를 바탕으로 2010년부터 넥스지오가 지열발전에 대한 실증 실험에 들어갔다. 지질자원연구원은 당초 이런 프로젝트를 토대로 2030년까지 전국에 10여 개의 지열발전소를 세우고 200기가와트 규모 지열발전이 가능하리라 전망했다. 국제에너지기구에 따르면 2050년경이 되면 전 세계 지열발전은 원전 200기에 해당하는 200기가와트 규모로 성장할 것으로 예측된다.

지열발전 기술 개발의 중요성에 대해서는 지진 피해자 측이기도 한 시민단체에서도 부인하지 않는다. 포항 시민을 대표해 정부 보상을 추진하고 있는 단체의 자문위원은 청정 무한 에너지로 불리는 지열발전 기술 개발 자체를 반대하는 건 아니라고 말했다.

지열발전은 아니지만, 지열을 이용해 냉난방하는 방법도 있

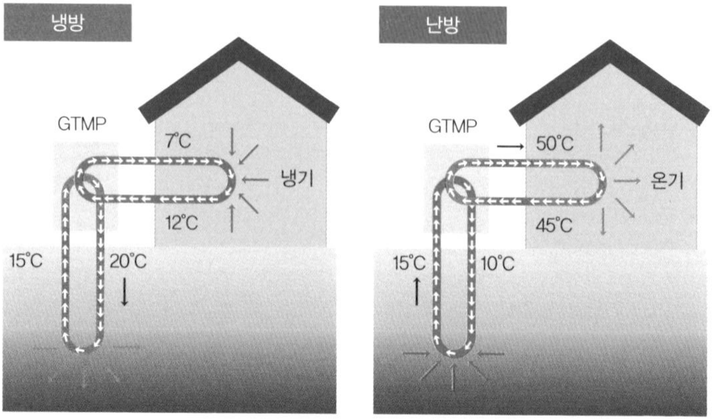

지열을 이용한 히트펌프 방식 냉난방 원리는 연중 일정한 땅속 온도를 여름과 겨울에 각각 반대로 이용하는 것이다.

다. 지열원 히트펌프(Heat Pump) 기술이 그것이다. 히트펌프는 낮은 온도의 열을 높은 온도로 옮겨주는 역할을 하는 기기다. 연중 일정한 땅속 온도를 여름과 겨울에 각각 반대로 이용하는 방식이다. 여름철에는 지상의 더운 열기를 땅 밑으로 내려보내 식히고 히트펌프를 이용해 건물 냉방을 한다. 겨울철에는 반대로 지상의 차가운 공기를 내려보내 땅속 온도를 이용해 데운 뒤 히트펌프를 이용해 건물 난방을 한다.

한국 대형 건물이나 농촌 전원주택도 지열을 이용한 히트펌프 방식으로 냉난방을 한다. 히트펌프를 가동하는 데 전기에너지가 필요하므로, 결국 지열에너지와 기존 전기에너지가 합을 이루어 냉난방하는 셈이다. 에어컨 역시 이런 히트펌프의 일종이지만, 땅속의 열이 아닌 바깥의 더운 공기를 끌어들여 냉매를 통과시킨 뒤 차가운 바람을 만들어 건물 안 온도를 떨어뜨리는 방식을 쓴다는 게 차이점이다. 한국지질자원연구원에 따르면 앞으로 발전 방식이 아닌 지열에너지를 직접 이용하는 시장은 히트펌프 시스템이 주도하리라 예상된다.

미중 신냉전, 남극을 선점하라

과학 기지 경쟁

지구 끝에서 신냉전이 벌어지고 있다. 말 그대로 새로운 '냉전'이다. 영하 30~50도의 영구 동토 남극대륙 위에서 미국과 중국 등 세계 열강들이 과학 기지 경쟁을 벌이고 있다. 홍콩 일간지 《사우스차이나모닝포스트》는 2019년 4월 29일 「중국과 미국이 남극 최고봉에서 벌이는 힘겨루기」라는 제목으로 남극대륙에서 벌어지는 신냉전 사례를 소개했다.

남극에는 해발 고도가 4093미터에 이르는 '돔 아르구스'(Dome Argus)라는 산이 있다. 남극 최고(最高)의 산인 돔 아르구스는 남극점에서 얼마 떨어져 있지 않은 남위 80도, 동경 77도

남극대륙 최고봉 돔 아르구스 정상에 중국의 오성홍기가 꽂혀 있다. 중국은 이곳에 쿤룬 기지를 두고 있다.

에 걸쳐 있다. 중국은 2009년 이 돔 아르구스에 쿤룬(崑崙) 기지를 세웠다. 천체를 관측하고 별똥별을 관찰할 수 있는 전파 망원경 등을 갖춘 하계 과학 기지다. 여름에만 연구원들이 있다는 얘기다. 중국 정부는 돔 아르구스 일대를 '남극특별관리구역'(ASMA)으로 지정하려고 몇 년째 시도해왔지만, 다른 나라의 지지와 후원을 얻지 못하고 있다. 남극특별관리구역은 남극조약에 따라 해당 구역 안에서 남극 활동을 조율하고, 중복이나 충돌보다는 협력을 진작하기 위한 목적으로 지정됐다. 아무래도 처음 제안한 국가가 가장 적극적으로 관리하게 된다.

중국의 노골적인 남극 과학 기지 경쟁

문제는 최근 미국이 쿤룬 기지에서 약 100킬로미터 떨어진 지점에 임시 과학 기지를 건립하면서 발생했다. 중국은 쿤룬 기지 인근에 미국이 자국 기지를 건립한 것에 대해 중국의 남극 특별관리구역 계획을 저지하기 위한 시도라고 봤다. 더군다나 중국은 미국 기지가 미 국방성의 후원을 받아 추진됐다며 의심스러운 눈초리를 보내고 있었다. 남극에서 가장 고도가 높고 추운 곳에 과학 기지를 운영하며 관리구역으로 지정하고 싶었던 중국 입장에서는 속이 쓰린 일이었다.

《사우스차이나모닝포스트》는 쿤룬 기지의 명분을 "과학 연구와 환경보호"라고 했지만, 최근 들어 남극대륙의 기지 경쟁에 가장 노골적인 나라가 중국이라는 게 세계의 평가다. 영국《더 타임스》는 2019년 4월 "남극 전역에 걸친 중국의 진출이 국가 단위 팽창주의의 두려움을 키우고 있다"고 보도했다. 비슷한 시기 뉴질랜드《헤럴드》도 「냉전: 남극, 미국·중국의 새로운 전쟁터」라는 제목 기사를 통해 돔 아르구스를 둘러싼 양국의 기지 경쟁 등을 보도했다.

중국은 이미 창청(長城) 기지와 중산(中山) 기지 두 곳의 상설 기지 그리고 쿤룬 기지와 타이산(泰山) 기지 두 곳의 하계 기지를 운영하고 있다. 또 오는 2022년을 목표로 다섯 번째 기지를 건설 중이다. 남극 장보고 과학 기지 5차 월동대(2017년 10월~2018년 10월) 대장으로 남극에서 1년을 보내고 온 극지연구소 유규철 박사는 "내가 있을 때도 중국 쇄빙 연구선 설룡호 선원들과 중국 고위 관료들이 기지를 찾아온 적이 있다"며 장보고 과학 기지와 이탈리아 기지와 가까운 곳에 다섯 번째 남극 과학 기지를 건설하기 위해 사전 조사차 방문한 것으로 본다고 말했다.

내륙을 향한 코리안루트 개척 중인 한국

극지연구소에 따르면 남극에는 1년 내내 운영되는 상설 기지와 여름 한철 운영되는 하계 기지 등 세계 29개국이 세운 80개가 넘는 기지가 들어서 있다. 남극권에 처음 상설 기지가 세워

극지연구소 'K-루트 사업단'이 독자적인 남극 내륙 진출로를 탐사하고 있다.

진 것은 남극 탐험 초기인 1903년이다. 스코틀랜드 남극 탐험대가 기상학 기지를 세우려는 목적으로 남극 내륙으로 들어갔지만, 땅을 찾지 못하고 사우스오크니 제도에 오몬드하우스(Omond House)라는 이름의 기지를 건설하게 됐다.

한국도 1988년 처음으로 남극반도 끝자락의 킹조지섬에 세종 과학 기지를 세웠다. 2014년에는 남극대륙 본토의 테라노바만에 두 번째 기지인 장보고 과학 기지를 건설했다. 극지연구소는 두 기지에 매년 서른네 명의 월동대원을 보내고 있으며, 하계연구원을 포함해 연간 최대 220여 명이 이 시설을 이용하고 있다.

극지연구소는 또 'K-루트 사업단'을 만들어 독자적인 남극 내륙 진출로인 코리안루트 확보에 나서고 있다. 코리안루트는 장보고 과학 기지에서 남극점까지 이르는 길을 말한다. 직선거리는 1700킬로미터, 총육상주행거리는 3천 킬로미터에 이르는 대장정이다.

극지연구소 관계자는 "남극의 심부 빙하 등 과학적 가치가 높은 대상을 연구하려면 내륙 깊숙이 들어가야 한다. 코리안루트를 개척한 뒤 세계 여섯 번째 내륙 기지 보유를 목표로 하고 있다"고 밝혔다.

천연자원 보고 남극에 눈독 들이는 세계

남극대륙 크기는 1400만 제곱킬로미터로, 중국과 인도를 합한 면적과 같다. 아시아, 아프리카, 북아메리카, 남아메리카에 이어 세계에서 다섯 번째로 큰 대륙이기도 하다. 하지만 지구 유일의 '주인 없는 땅'이다. 1959년 체결된 남극조약 때문이다. 조약은 남극에서 어떤 영유권도 항구적으로 인정하지 않으며 평화적 이용, 과학 조사와 교류의 허용, 군사 행동의 금지, 핵실험이나 방사능 유출을 금지하는 조항 등을 담고 있다. 따라서 어느 나라도 영토권 주권이 인정되지 않는다.

미국은 지금까지 남극대륙의 '만형' 역할을 자처해오고 있다. 미국은 남극 로스해 구역에 맥머도 기지(McMurdo Station)를 처음 세웠고, 남극반도에 파머 기지(Palmer Station)를 지었다. 또 남위 90도 남극점에 아문센스콧 기지(Amundsen-Scott South Pole Antarctic Station)도 운영하고 있다. 남극 최대 기지인 맥머도 기지는 한꺼번에 1천 명을 수용할 수 있을 정도로 규모가 크다. 공항과 호텔은 물론 슈퍼마켓, 술집, 은행까지 갖추고 있어 하나의 소도시를 방불케 한다.

남극조약에 따라 기존 영유권 주장이 보류돼 있고 새로운 영유권 주장이 금지돼 있지만, 오래전부터 남극을 자국 영토라 주장한 나라도 있다. 노르웨이, 뉴질랜드, 아르헨티나, 영국, 호주, 칠레, 프랑스가 그들이다. 이들 7개국은 모두 1911년 노르웨이

남극점에 위치한 미국의 아문센스콧 기지의 야경. 남극 밤하늘에 오로라가 펼쳐져 있다.

의 탐험가 로알 아문센(Roald Amundsen)이 인류 최초로 남극점을 정복한 이래, 자국민이 남극을 탐험한 역사를 가지고 있는 나라들이다. 주인 없는 땅에 먼저 가서 깃발을 꽂아 주인임을 주장할 수 있는 '무주지 선점'(無主地 先占)을 생각했다는 얘기다. 아르헨티나와 칠레는 영토권 주장을 위해 남극에서 자국민이 아기를 출산하도록 하기도 했다. 하지만 이들 7개국조차 특정 국가의 영유권 주장을 인정하지 않는 남극조약을 받아들이고 있다.

왜 세계 각국은 동토의 땅 남극을 이토록 갈망할까. 남극은 자원의 보고이기 때문이다. 남극대륙에는 인류가 한 세기 가까

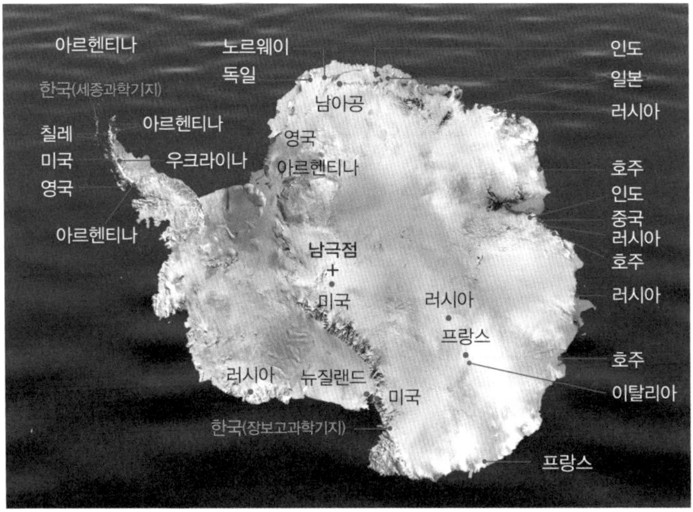

남극반도 끝자락의 킹조지섬에는 세계 각국 남극 기지가 들어서 있다.

이 사용할 수 있는 원유와 천연가스 자원이 묻혀 있는 것으로 추정된다. 석탄과 철, 구리, 니켈, 금, 은 등도 풍부하다. 당연히 세계 각국은 남극의 천연자원에 눈독을 들이고 있다. 이 때문에 1998년 남극환경보호의정서가 발효된 이래 2048년까지 50년간 광물자원 개발을 금지하고 있으며, 이런 체제는 연장될 가능성이 크다.

현재로선 남극은 과학 연구를 비롯한 평화적 이용을 위한 곳이다. 우주 관측과 남극 생물의 진화와 생태 연구, 지구온난화와 남극 빙하의 변화, 남극 대기와 해양이 지구 전체에 미치는 영향 등이다. 최근에는 남극 빙하 1~2킬로미터 아래에 있는 빙저호에 대한 연구 또한 활발하다. 빙저호는 이처럼 두꺼운 빙하 아래에 있어서 햇볕도 미치지 못하고 대기와 차단된 채 수천만 년간 외부와 격리된 상태로 존재해왔다. 따라서 지금까지 알려지지 않은 다양한 생명체가 존재할 것으로 예측돼 연구 가치가 뛰어나다. 《네이처》는 2018년 말 "2019년 주목해야 할 과학 분야 현안 10선"을 발표하면서 남극 빙하 변화 연구를 1순위로 꼽기도 했다.

하지만 자원고갈시대를 대비해 우주 강국들을 중심으로 소행성과 달의 천연자원을 캐오는 것을 염두에 둔 연구까지 진행되고 있는 점을 미루어보면, 남극대륙 역시 순수하게 과학을 위한 목적만 있다고 보기는 어렵다. 남극은 현재로선 어느 나라도 영토로 주장할 수도, 광물자원을 개발할 수도 없지만, 남극 기지 경쟁의 이면에는 과학 연구를 넘어 미래의 가능성을 붙들어 놓으려는 의도가 숨어 있다.[13]

'플라스틱 수프' 세상, 벗어나려면 100년도 더 걸려

폐플라스틱

> 우리나라에서도 십여 종에 일용품으로 사용되고 있으나, 그의 용도는 극히 좁은 범위에 국한되어 있다. 선진국에서는 일용품을 위시하여 전기, 전자기기 부분품 등 이루 헤아릴 수 없을 정도로 안 쓰이는 곳이 없다.

1959년 4월 16일 자 국내 한 일간지가 플라스틱 공업에 관해 쓴 기사 일부분이다. 기사는 플라스틱을 '20세기의 총아', '세기의 혁명'이라는 표현까지 동원해 극찬하며 서구 선진국의 가공 기술을 부러워했다. 워낙에 뛰어난 재료인 탓이다. 값싸고 튼튼

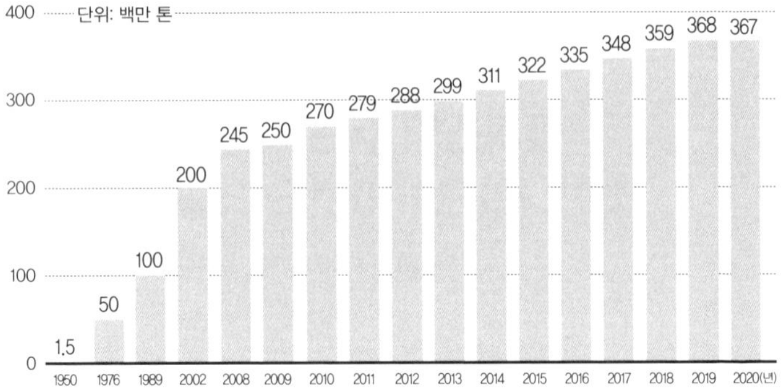

◦ 전 세계 플라스틱 생산량 추이 ◦

한 데다 뭐든 만들기 쉽다. 이 때문에 플라스틱 생산은 급증해 왔다. 유엔환경계획(UNEP)에 따르면 1950년 전 세계 플라스틱 생산량은 150만 톤에 불과했지만, 2017년 3억4800만 톤, 2020년 3억6700만 톤으로 급증했다. 전 세계 플라스틱 생산과 소비가 지금처럼 계속 증가한다면 2050년에는 340억 톤에 달할 것으로 전망된다. 하지만 20세기 초에 등장해 '20세기의 총아'로 불린 플라스틱은 한 세기가 채 지나지 않은 지금 '환경오염의 주범'으로 전락했다.

한 사람이 일주일 동안 미세 플라스틱 약 2000개 섭취

뒤늦게 경각심이 확대되고 있지만, 플라스틱 사용량은 줄어들 기미가 보이지 않는다. 인류는 이미 플라스틱에 중독됐다. 설상가상 2020년 초부터 코로나19가 전 세계를 휩쓸면서 플라스틱 의존도는 더욱 심해지고 있다. '집콕' 생활에 급증하는 온라인 쇼핑 포장, 배달 음식 용기는 말할 것도 없다. 이젠 필수품이 된 일회용 마스크의 주원료도 석유계 화합물인 프로필렌으로, 일종의 플라스틱이다. 코로나19 팬데믹 속에서 매달 세계에서 폐기되는 마스크가 1290억 장에 달한다.

버려진 플라스틱의 종착역은 바다다. 세계자연보전연맹(IUCN)에 따르면 매년 바다로 흘러드는 플라스틱 쓰레기가 950만 톤에 달하는데 그것도 2017년 기준이다. 언제부턴가 태평양에 '플라스틱 섬'이 생겼다는 말이 나오더니 이젠 '플라스틱 수프'란 표현까지 등장했다. 플라스틱이 잘게 쪼개져 미세 플라스틱, 나노 플라스틱으로 변신해 식탁에까지 오르고 있다.

세계자연기금(WWF)에 따르면 한 사람이 일주일 동안 섭취하는 미세 플라스틱은 약 2000개, 무게로 따지면 신용카드 한 장에 해당하는 5그램이다. 플라스틱 수프는 단순히 찝찝한 데 그치지 않는다. 경희대 동서의학연구소 박은정 교수가 2020년 5월 국제학술지 《톡시콜로지 레터스(Toxicology Letters)》에 게재한 논문에 따르면, 미세 플라스틱을 지속적으로 섭취할 경우 임신과 출산에도 나쁜 영향을 미치는 것으로 나타났다.

생분해 플라스틱 개발 이어지지만 한계

해결책은 없을까. 당장 환경오염도 심각한 문제이고, 석유가 고갈된 세상에 살아갈 후손들의 앞날도 걱정된다. 과학기술이 플라스틱을 세상에 불러냈으니 해결도 과학기술의 몫이다. 이제 시작이라 갈 길이 구만리이지만, 방법이 전혀 없는 건 아니다.

하나는 옥수수 전분에서 얻은 PLA(Poly Lactic Acid)로 만든 바이오 플라스틱이다. 다른 하나는 석유계 합성물질인 PBAT(Poly-Butylene Adipate-co-Terephthalate)다. 둘 다 땅속에 묻으면 6개월 내로 생분해돼 물과 이산화탄소만 남게 되어 플라스틱으로 인한 환경오염을 줄이는 데 기여한다. 하지만 석유계인 PBAT는 그 자체가 새로운 탄소 화합물이란 점에서 바이오 플라스틱과는 차이가 있다.

생분해성 플라스틱은 세균이나 조류, 곰팡이와 같은 자연에 존재하는 미생물에 의해 분해된다는 특징 때문에 주로 비닐봉지 등 얇은 제품에 쓰인다. 하지만 생분해성 플라스틱으로 만든 비닐봉지는 가격이 기존보다 세 배 이상 비싼 데다 잘 찢어지는 단점이 있다. 이 때문에 서구에서 상용화에 성공한 지 20년이 넘었지만, 아직도 제한적으로 쓰일 뿐이다.

최근 이런 단점을 극복한 연구 성과가 이어지고 있다. 한국화학연구원은 2019년 4월 기존 생분해성 비닐봉지보다 인장강

생분해성 플라스틱을 이용하여 만든 식기구는 땅속에서 분해되면 물과 이산화탄소만 남는다.

도가 두 배 이상 향상된 PBAT 기반 생분해성 고강도 비닐봉지를 개발하는 데 성공했다. 이 기술은 현재 SK그룹의 화학 계열사 SKC로 이전돼 상용화를 앞두고 있다. SKC는 PBAT를 활용한 쓰레기봉투와 일반 비닐봉지, 농업용 멀칭 필름, 빨대와 같은 일회용품을 시험 생산 중이다. LG화학 역시 2020년 10월 옥수수 성분 등 바이오 함량 100퍼센트의 소재로 만든 생분해성 신소재를 개발했고, 향후 2~3년 내 상용화하겠다는 계획을 갖고 있다. 시장조사업체에 따르면 생분해성 소재 시장은 2019년 4조2천억 원에서 2025년 9조7천억 원 규모로 연평균 약 15퍼센트 성장할 전망이다.

현재 폐플라스틱에서 논쟁거리가 되는 소재는 주로 일회용으로 쓰는 것들이다.[14] 생분해성 플라스틱으로 만든 일회용 제품이 널리 쓰이게 되면 환경오염 문제도, 쓰레기 매립지 문제도 상당 부분 해소할 수 있을 것이다.

매립지에 같이 버린다고 썩지 않아

대기업들이 공언한 대로 탁월한 물성의 생분해성 소재를 시장에 내놓는다면, 플라스틱 환경오염 문제는 조만간 해결될 수 있을까. 정답은 "그래도 갈 길이 멀다"이다. 과학자들은 생분해성 플라스틱을 땅에 묻거나, 강이나 바다에 버린다고 저절로 분해되지 않는다고 지적한다. 생분해 플라스틱은 섭씨 58도 이상으로 미생물이 자랄 수 있는 특정 조건에서만 분해된다. 다른 쓰레기와 함께 매립지에 버린다고 없어지지 않는다. 현재의 기술적 완성도를 보자면, 플라스틱이 대체되기까지 앞으로 100년은 더 걸릴 것이다.[15] 국가 차원의 적극적인 뒷받침이 있어야 그 시기를 조금이라도 앞당길 수 있다.

유사 과학이 '라돈 침대' 사태 불렀다

방사성 물질

#1. 노인을 젊게 만들고 나이 든 사람에게 활력을 되찾아준다.… 때때로 내 몸 안에서 불꽃 같은 활력이 느껴지는 것 같다.

#2. 체내 활성산소 활동을 억제하고 노화를 방지하는 항산화 작용을 한다. 혈액순환이나 물질대사가 더욱 활발하게 되고 면역력 향상으로까지 이어진다.

이쯤 되면 100년의 긴 세월을 뛰어넘은 판박이다. 첫 번째 설명은 영국 작가 케이트 모어의 책 『라듐 걸스』에 소개된 1917년 미국 뉴저지주 사람들이 당시 발견한 지 얼마 되지 않은 라듐을 칭송한 내용이다. 두 번째 설명은 지금 이 시각에도 한국 인터넷에서 쉽게 찾을 수 있는 '음이온의 효능'에 관한 설명이다. 두 설명은 100년을 넘어선 시간 차가 있지만 공통점을 갖고 있다. 첫 번째 설명의 주인공은 방사성 동위원소 라듐이고, 두 번째 설명의 주인공은 음이온이라는 이름표를 달았지만 사실은 라듐 등에서 생성되는 방사성 비활성 기체 원소 라돈이다.

21세기 대한민국에서 100년 전 서구가 겪었던 어처구니없는 참사가 되풀이되고 있다. 20세기 초 라듐 공장에서 일하던 '라듐 걸스'는 이가 빠지고, 잇몸이 무너지고 뼈와 연골, 근육에 육종이라는 암세포가 퍼져나간 끝에 비참하게 숨을 거뒀다. 지난 2018년 한 인터넷 카페에는 몸에 좋다는 음이온 침대를 썼다가 폐 질환과 잇몸 출혈 등 각종 질병에 시달리고 있다는 증언들이 줄을 이었다.

참사 원인은 방사성 동위원소 우라늄과 토륨을 함유한 광물질 모나자이트다. 정부 산하 기관인 원자력안전위원회가 관리하고 있다는 방사성 물질인 모나자이트는 생활용품에 포함되어선 안 되지만, 어떻게 된 일인지 음이온 침대로 둔갑해 소비자의 이불로 들어갔다. 원자력안전위원회는 모나자이트 수입업체와 원료를 공급받은 66개 업체는 파악하고 있었지만, 이들 66개 업체가 어디에 어떤 식으로 제품을 공급해왔는지는 알지 못했다. 매년 100여 개의 생활용품을 골라 방사능 검사를 했지만, 연간 허용 선량 1밀리시버트(mSv)가 넘지 않아 문제없다고 판단한 것이다.

이른바 '유사 과학'이 이 틈을 파고들었다. 건강에 좋다는 음이온이 많이 나온다는 천연 돌가루를 이용한 제품들이 쏟아졌다. 밤새 코를 박고 잠을 자는 매트리스는 최악의 사례였다. 한 침대 회사에서 만든 매트리스는 연간 피폭선량이 기준치의 아홉 배를 넘어서는 것으로 나타났다. 이외에도 국내 온오프라인 쇼핑몰에는 음이온을 내세운, 성분이 불확실한 각종 생활용품과 장식품이 즐비하다.

음이온이 몸에 좋다?

연세대 라돈안전센터는 음이온이 몸에 좋다는 건 과학적 근거를 찾아볼 수 없는 주장이라 단언했다. 원자력안전위원회 역시 《2017년 생활 주변 방사선 안전관리 실태조사 결과 보고서》에서 미국의 경우에는 원자력규제위원회(NRC)에서 모나자이트 등 희토류 광석을 사용해 만든 음이온 팔찌나 목걸이 등을 '음이온 기술'로 명명하고, 이런 제품에는 방사성 핵종이 함유되어 있으며 제품 취득 시에는 폐기를 권고하고 있다고 보고했다.

과학 커뮤니케이터로 유명한 이덕환 서강대 명예교수는 한

발 더 나간다. 방사선이 나오는 광물질 기반 음이온뿐 아니라 가정용 공기청정기나 에어컨에 들어가는 전기식 음이온 발생기 역시 몸에 해롭다는 주장이다. 이런 음이온 발생기는 대부분 코로나(불꽃) 방전을 이용한 것이며, 코로나 방전이 일어나면 산소 분자가 깨지면서 불안정한 이온이 생겼다가 즉시 오존이 만들어진다. 오존은 탈취와 함께 살균작용을 하는데, 밀폐된 방에서 오존 발생기를 오래 사용하면 오존 농도가 높아져 건강에 악영향을 미칠 가능성도 배제할 수 없다. 한때 가정에서 많이 사용한 오존 발생기는 제품 살균용이지 생활용품이 아니라는 얘기다.

미국 환경보호청(EPA)과 캘리포니아 주정부에서는 오존 발생기를 가정용으로 쓰지 말라고 권고하고 있다. 이에 대해 음이온 발생 기능이 있는 공기청정기를 생산하는 한 국내 업체는 이오나이저(Ionizer)가 들어있는 제품은 국내에서 가장 공신력 있는 기관인 한국공기청정기협회로부터 인증을 받았다고 했다. 그 인증은 오존 발생 농도가 0.03피피엠 이하일 경우에만 부여되고, 인증과는 별도로 자사 제품은 보다 엄격하게 0.01피피엠 이하로 관리하고 있다는 것이다.

이덕환 교수는 원적외선 효과를 주장하는 생활용품도 대표적 엉터리 과학 중 하나라고 비판한다. 원적외선이 온열 효과를 주는 것은 사실이지만, 제품 광고처럼 '노화 방지, 신진대사 촉

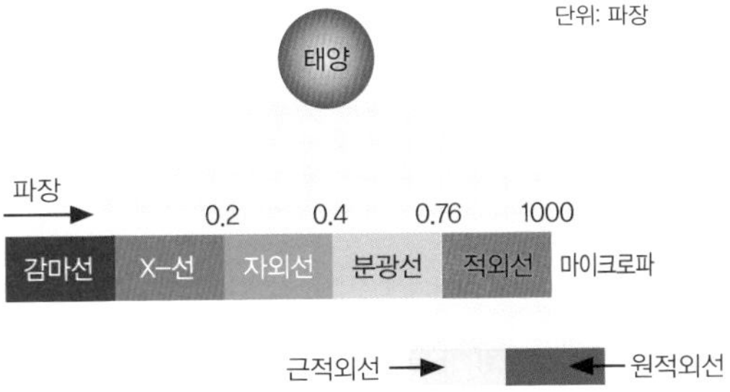

○ 파장의 크기에 따른 전자기파 ○

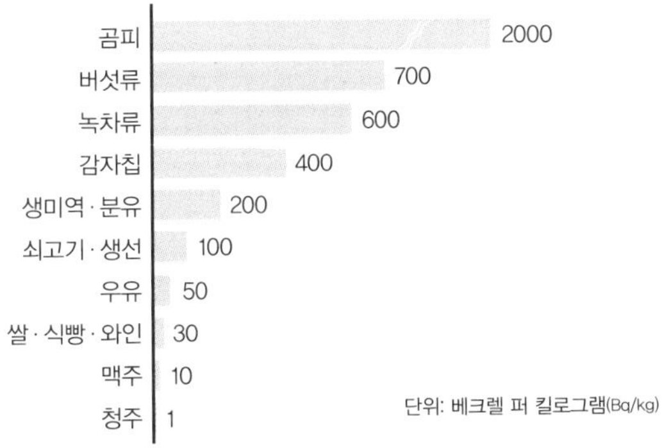

○ 식품 중 칼륨40(K-40)의 방사능 함유량 ○

진, 만성 피로 회복' 효과가 있는지 확인 불가능하거나 혹은 지극히 제한적이라는 것이다.

오존 발생 공기청정기도 해롭다

방사선 이야기로 돌아가자. 방사선은 대체 무엇이며 어디서 오고, 인간의 몸에는 얼마나 해로울까. 방사선은 불안정한 원자핵을 가진 원소가 붕괴해 안정된 원소로 변해갈 때 발생하는 에너지를 말한다. 흔히 알파선, 감마선, 엑스선(X線) 등을 방사선이라고 한다. 방사선은 어디에나 존재한다. 태양 등 지구 밖에서 쏟아지는 우주 방사선, 땅에서 올라오는 지각 방사선도 있다. 이런 방사선을 통틀어 자연 방사선이라고 한다. 이 때문에 일반인이 피폭되는 자연 방사선량만도 연간 2.4밀리시버트에 이른다.

인공 방사선도 있다. 일본 후쿠시마 원전처럼 대형 사고가 날 때 새어 나오는 방사선과 엑스선 촬영이나 컴퓨터단층촬영(CT) 때처럼 의료기기에서 나오는 방사선이 여기에 해당한다. 엑스선은 한 번 촬영할 때마다 0.1~0.3밀리시버트, CT는 2밀리시버트가 나온다. 특히 암 진단에 쓰이는 양전자컴퓨터단층촬영기(PET-CT)의 경우 1회 피폭량이 엑스선의 수백 배에 이른다.

방사선은 인체에 여러 가지 손상을 준다. 큰 에너지를 가지고 있는 방사선은 DNA를 손상한다. DNA가 손상되면 유전자의 돌연변이가 일어나거나 세포가 죽게 된다. DNA 손상으로 유발된 돌연변이는 유전적인 결함을 불러오기도 하고, 암을 발생시키기도 한다. DNA 손상에 따라 세포가 죽게 되면 피부의 홍반이나 궤양, 백내장, 수정체 혼탁, 장기 기능부전 등 다양한 질병을 유발할 수 있다.

정부에서는 자연 방사선과는 별도로 일반인이 피폭되는 연간 허용 선량을 1밀리시버트로 설정하고 있다.[16] 국제방사선방호학회(ICRP)의 알라라 원칙에서 알 수 있듯, 질병 검사 등 어쩔 수 없는 경우를 제외하고는 방사선 피폭을 피할 수 있다면 피하는 것이 현명하다. 알라라(ALARA) 원칙은 국제방사선방호위원회가 1965년 권고한 방사선 방호의 기본 원칙을 나타내는 개념이다. 사회적·경제적 요소들을 감안해 방사선 피폭의 수준을 합리적으로 달성 가능한 한 감소시킨다는 방호 철학을 말한다. "합리적으로 가능한 한 낮게(As low as Reasonably Achievable)"라는 영어문장의 단어 머리글자에서 이름을 따왔다. 주로 엑스레이와 CT 등 의료용 방사선 검사를 할 때 활용된다.

100년 전엔 라듐을 화장품처럼 바르기도

눈에 보이지 않지만, 에너지를 함유한 방사선의 존재가 발견된 건 19세기 말이었다. 당시만 하더라도 방사선은 신비로운 존재로 그 위험성은 알려지지 않았다. 시작은 엑스선이었다. 독일 물리학자 빌헬름 뢴트겐(Wilhelm Rontgen, 1845~1923)이 1895년 암실에서 진공 방전관에 전류를 흘리는 실험을 하다 우연히 방사선의 존재를 발견했다. 이 방사선은 나무와 같은 물질을 뚫고 지나가는 투과력이 있고, 거울이나 렌즈에서도 쉽게 반

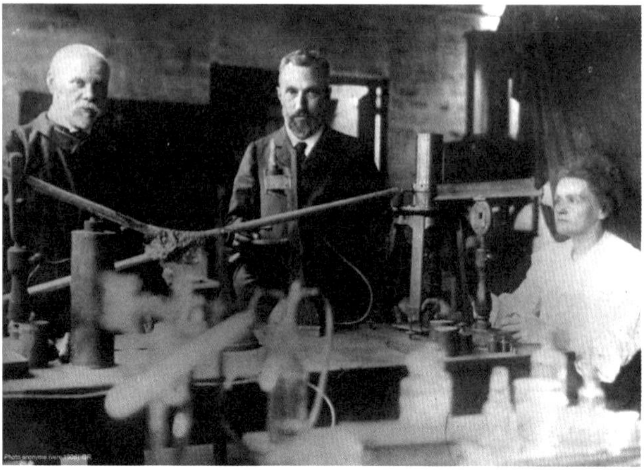

방사능 연구로 1903년 노벨물리학상을 공동 수상한 마리 퀴리와 남편 피에르 퀴리의 모습. 맨 왼쪽이 앙투안 베크렐이다.

사나 굴절을 일으키지 않았다. 발생 지점과 형광판 사이에 손을 넣으면 손 그림자 안쪽으로 뼈까지 볼 수 있었다. 뢴트겐은 이 정체를 알 수 없는 방사선을 '엑스선'이라 이름 지었다. 신비의 엑스선은 당연히 센세이션을 일으켰다.

뢴트겐의 바통을 이어받은 사람은 프랑스 물리학자 앙투안 베크렐(Antoine Becquerel, 1852~1908)이었다. 엑스선 발견 소식을 들은 베크렐은 어둠 속에서 빛을 발하는 인광체도 엑스선을 만들어낼지 모른다고 생각했다. 1896년 초 베크렐은 우라늄 화합물의 일종인 인광염이 담긴 접시 밑에 두껍고 까만 종이로 조심스럽게 감싼 사진 건판을 뒀다. 시간이 흐른 뒤 사진 건판을 싼 종이를 풀어보니 사진 건판이 강한 빛에 노출된 것처럼 뿌옇게 변한 것을 알게 되었다. 방사성 물질의 존재를 처음으로 확인한 순간이었다.

두 사람의 발견을 한 단계 발전시킨 사람이 퀴리 부인으로 잘 알려진 마리 퀴리(Marie Curie, 1867~1934)다. 남편 피에르와 함께 프랑스에서 방사능을 연구해 1898년 최초의 방사성 원소인 폴로늄과 라듐을 발견했다. 당시 퀴리 부인은 방사성 원소의 치명적 위험성을 알지 못했다. 어둠 속에서도 빛을 뿜어내는 라듐을 침대 머리맡에 두고 잠을 자기까지 했다. 프랑스 사람들은 어둠 속에서도 스스로 빛을 내는 라듐에 열광했다. 젊은 아가씨들은 어둠 속에서도 미소를 보낼 수 있다며 손톱, 입술, 치아에 바르기도 했다. 방사선의 영향으로 퀴리 부인은 물론 그와 같은 연구를 한 딸 역시 백혈병으로 숨졌다.[17] 이후에도 수많은 사람이 빈혈과 골수암 등에 걸려 죽고 난 뒤인 1930년대가 되어서야 방사성 물질의 위험성이 인정됐다.

연구하면 피 본다

언던 사이언스

"사무실 방역한다고 살균제를 주기적으로 뿌리고부터 잔기침이 나는데 신경 쓰이네요."

"가습기 살균제로 홍역 치르고 또 이런 짓을 대대적으로 벌이는구나."

"바이러스를 소독하랬더니 인간이 박멸될 판이다."

경희대 동서의학연구소는 코로나19 이후 사용이 늘어난 살균제와 소독제에 호흡기가 노출되면 폐 질환에 걸릴 수 있다는 연구 결과를 2020년 8월 발표했다. 코로나19 살균제와 소독제에 들어있는 일부 물질이 '가습기 살균제 사건'으로 논란이 된 염화디데실디메틸암모늄(DDAC)과 비슷한 작용 기전을 가질 가능성이 있기 때문에 호흡기 노출에 주의해야 한다는 설명이었다. DDAC는 세균이나 바이러스와 같은 미생물 확산 차단을 위해 사용하는 물질이다. 미국 환경청에 등록된 4가 암모늄 계열 살균 소독제이며, 목재나 건축 용품, 물탱크 같은 산업용 물품과 가습기나 세탁기 같은 주거용 제품의 방부제나 소독제, 항생제로 많이 사용된다.

연구소는 사람의 기관지 상피세포와 실험용 쥐를 사용해 분석했는데, DDAC는 4마이크로그램 퍼 밀리리터(*μg/ml*) 농도에서 세포 생존율을 급격히 감소시켰고, 세포 내 소기관 손상과 세포 자살, 세포막 손상을 유도했다. 기관지를 통해 500마이크로그램(*μg*)의 DDAC를 1회 투여받은 쥐는 14일 후까지 생존했으나, 2회 투여받은 쥐에서는 만성 섬유성 폐 병변이 관찰되면서 결국 죽었다. DDAC에 노출된 세포와 쥐에서는 '라멜라 구조체'가 형성됐는데, 이 물질이 과도하게 생성될 경우 폐 질환을 유발할 수 있다고 연구소는 밝혔다.

코로나19 확진자가 급증하는 중이라 언론 매체에서는 그다지 주목을 받지 못한 뉴스였다. 하지만 인터넷에서는 시민의 관심이 뜨거웠다. 뉴스 아래 달린 댓글에는 일상생활 곳곳에서 살균 소독제를 분무기로 뿌려대고 있는 현실을 고발하는 내용이

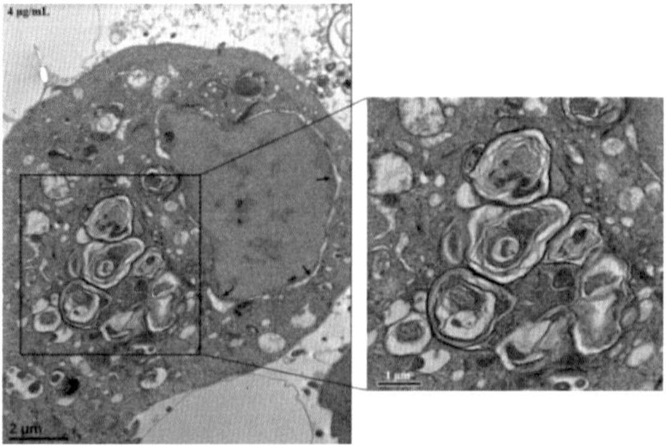

사람의 기관지 상피세포에서 발견된 라멜라 구조. 라멜라 구조는 지질 이분자 층으로 된 막이 층층이 쌓인 구조를 말한다.

가득했다. 1500명이 넘는 목숨을 앗아간 가습기 살균제 사건이 현재진행형임에도 불구하고 여전히 정부나 국민 모두 '살균제'가 세균이나 바이러스뿐 아니라 사람에게도 위험하다는 인식을 제대로 하지 못하고 있다는 얘기다.

연구되지 않고 외면당하는 과학

왜 이런 일이 자꾸 일어날까. 경희대 동서의학연구소는 "DDAC는 그동안 호흡기 노출과 관련된 연구 결과가 거의 전무한 성분"이라 밝혔다. DDAC만의 얘기가 아니다. 가습기 살균제가 그랬고, 2018년 2월에야 제조·판매·사용이 금지된 차량용 메탄올 워셔액도 같은 얘기다. 살균제와 살충제가 세균과 벌레만

죽이지 않는다는 측면에서 보자면, 화장실이나 주방 소독에 흔히 쓰는 락스, 여름철 방안에서 쓰는 모기향도 어떻게 써야 사람에게 안전한지 고민해봐야 할 일이다. 생활용품 속 독성 문제가 적어도 한국 사회에서 소위 '언던 사이언스(Undone Science)', 즉 '연구되지 않고 외면당한 과학'의 대표적 영역이라는 얘기다.

미국 밴더빌트대학 사회학과 교수 데이비드 헤스는 저서 『언던 사이언스』에서 체계적으로 무시되고 연구되지 않는 과학 연구 영역을 '언던 사이언스'라고 정의했다. '체계적 무시'라는 말은 정부의 연구개발 예산 책정 과정이나, 과학자들의 연구 선택 등 과학 연구 체계 내에서 중요하지 않은 주제로 여겨져 소외됨을 뜻한다. 결국에는 기업의 이해나 이에 영향을 받은 학자와 정부가 민감할 수 있는 주제는 연구하기를 꺼리면서 '연구되지 않고 외면당한 과학'의 영역이 생겨난다.

언던 사이언스는 한국만의 문제가 아니다. 유전자변형농산물(GMO)의 유해성 여부, 생활 속 저선량 방사선의 위험 등도 체계적인 연구가 부족한 분야다. 프랑스 정부는 2019년 도넛 위에 눈이 내린 것처럼 뿌려진 장식용 흰색 가루 사용을 금지했다. 이 가루의 정체는 이산화티타늄으로 그간 무색, 무취, 무독으로 알려져 왔다. 하지만 최근 프랑스 과학자들 사이에서는 이산화티타늄을 섭취했을 경우 암 유발 가능성에 대한 논쟁이 벌어지고 있다. 한국에서도 안전성평가연구소 등 정부 산하 기관

◎ 가습기 살균제 피해 규모 ◎

대상	규모
피해 사망자	1553명
피해 신고자	6817명
제품 사용자	약 627만 명
건강 피해자	약 67만 명
병원 진료 경험자	약 55만 명
특정 질병 진단 경험자	약 9만 명

주: 2020년 7월 17일 기준

에서 이 문제에 대해 고심하고 있는 것으로 알려졌다.

한국 사회를 뒤흔들었던 가습기 살균제 사태도 정작 필요한 연구가 이루어지지 않은 대표적 사례다.[18] 문제의 제품이 출시된 1994년부터 피해가 밝혀진 2011년까지 연간 60만 개가 판매됐지만, 인체 유해성에 대한 조사는 지극히 형식적인 수준에 그쳤다. 이처럼 중요한 문제에 관한 연구가 제대로 되지 않은 이유는 체계적인 지식의 비(非)생산에 따른 구조적 결과이며 의도되고 강요된 무지라고 할 수 있다.

기업 이익을 위해 진실을 호도하는 용병 과학자

사실 언던 사이언스보다 더 큰 문제는 '용병이 된 과학자'들이다. 기업 이익을 위해 진실을 호도하는 연구 결과를 만들어 내는 인물들이다. 미국 과학사학자 나오미 오레스케스(Naomi Oreskes) 하버드대학 교수는 저서 『의혹을 팝니다』에서 흡연과 암 발병 사이 연관성이 아직 입증되지 않았다고 주장하는 과학자들, 지구온난화의 현실을 부정하는 과학자들 중 상당수가 기업의 의뢰를 받은 '용병 과학자'라고 주장한다.

국내에도 유사한 사례가 있다. 대법원은 2017년 가습기 살균제 사건과 관련해 배임수재 등의 혐의로 기소된 국내 사립대 A교수에 징역 1년 4개월에 추징금 2400만 원을 선고한 원심 판결을 확정했다. A교수는 '가습기 살균제 노출 평가 시험과 흡입 독성 시험' 연구 용역을 진행했고, 2011년부터 2012년 옥시에 유리한 결과를 내달라는 청탁과 함께 2400만 원을 받은 혐의로 기소되었다.

논쟁 대상이 되는 과학적 문제들은 과학 공동체 내에서도 논란 중인 경우가 많다.[19] 우리가 일차적으로 물어야 할 것은 과학적 진실 여부가 아니라, 그 진실에 다가가는 과정에서 발생하는 의도적인 개입이나 배제가 사회적·도덕적으로 온당한가이다. 언던 사이언스나 용병 과학자의 폐해를 줄이기 위해선 정부나 공공 분야에서 이런 분야에 관한 연구를 적극적으로 발굴하고 지원하는 수밖에 없다.

/ 에필로그 /

과학을 통해 앎의 영역으로 뛰어들어야 하는 이유

세상은 어디로, 어디까지 달려갈까. 유전자 가위 기술이 등장해 유전자를 개별 염기서열 단위까지 자르고 붙이며, 파킨슨병 환자의 피부세포를 유도만능줄기세포로 만든 다음 다시 도파민 신경세포로 분화시켜 치료에 성공하는 시대가 왔다. 아직은 임상시험이나 동물 실험 단계이긴 하지만, 머잖은 미래에 인류가 누릴 수 있는 과학기술로 성장하고 있다.

태양이 불타오르는 원리를 지구로 가져와 발전에 이용하는 핵융합발전은 한국을 포함한 세계 주요국이 2040년대 후반을 목표로 연구개발 경쟁을 하고 있다. 프랑스 남부 카다라슈의 국제핵융합실험로 건설 공사는 2020년 7월에 이미 공정의 70퍼센트를 넘어섰다. 한국이 자랑하는 초전도 핵융합 연구장치(KSTAR)는 2021년 11월 1억 도 플라즈마 300초 유지 목표의 10퍼센트인 30초에 도달했다. 세계 신기록이다. 핵융합발전 기술이 완성되면, 이론적으로 인류는 에너지 문제에서 해방될 수 있다. 우주에서 가장 흔한 원소인 수소를 연료로 사용하기에 석유나 천연가스처럼 고갈을 걱정하지 않아도 된다. 핵분열 원리를 이용한 기존 원자력발전처럼 폭발할 위험도 없고, 방사능 오염 문제에서도 비교적 자유롭다.

로봇이 기계체조 선수처럼 재주넘고, 인공지능은 사람처럼 말하기 시작했다. 쇠고기, 돼지고기가 목장이 아닌 실험실에서 재배되고, 그런 패티를 넣은 햄버거가 팔리기 시작했다. 영하 50도 남극 기지나, 지구 상공 400킬로미터 고도의 궤도를 돌고 있는 국제우주정거장에서 신선한 채소를 키워 먹을 수 있게 됐다. 아직은 어설프지만, 세계 100개국 이상 언어가 버튼 하나로 순식간에 번역되는 세상이다. 세계인이 하나의 언어로 소통하는, 이른바 바벨탑 이전의 시대가 오고 있다.

위에 열거한 과학기술은 대부분 21세기가 시작되고 20년 이내에 이루어진 일들이다. 그렇다면 이런 기술들이 성숙해질 21세기 후반에는 인류가 에너지 문제에서 자유롭고, 질병에서 해방

되며, 식량 위기에서 벗어날 수 있을까. 21세기 후반은 이 글을 쓰는 나도 아직 살아있을 시대, 22세기라 해도 내 아이와 손자가 살아갈 세상이다. 나는, 우리의 가까운 후손들은 이런 영화로운 유토피아 속에서 삶을 누릴 수 있을까.

안타깝게도 인류에겐 유토피아만큼 디스토피아도 눈앞으로 다가와 있다. 기후 위기와 코로나19 팬데믹이 그것이다. 인류가 지난 200년 가까이 쏟아낸 이산화탄소 등 온실가스가 지구 온도를 빠르게 상승시키고 있다. 브라질 리우데자네이루에서 1992년 유엔기후변화협약을 체결할 때만 해도 기후 위기는 SF영화 속 이야기라 생각했다. 하지만 이후 지구온난화 속도는 점점 더 빨라지고, 홍수·가뭄·폭서 등 기상이변은 점점 더 잦아지고 있다. 북극지방 그린란드와 남극대륙의 얼음이 녹아 폭포를 이루고, 북미·호주·유럽 등지의 산불은 대륙을 불태우는 정도다.

2019년 말 중국 우한에서 시작한 코로나19는 2년 가까이 지났지만, 수그러들 기미를 보이지 않는다. 발생 이후 2년간 전 세계에서 2억6천만 명이 바이러스에 감염됐고, 이 중 520만 명이 목숨을 잃었다. 과학기술 발달에 힘입어 1년도 채 안 돼 백신이 개발되고 치료제가 나왔지만, 여전히 매일 40만 명 이상이 확진되고 5천 명 이상이 사랑하는 가족과 이별하고 있다. 델타 변이가 새로운 유행을 일으키더니, 이제 오미크론이란 변이까지 등장했다.

100년 전 스페인 독감이 전 세계를 휩쓸었을 때 수천만 명이 목숨을 잃었다고 하지만, 그땐 백신은 고사하고 인류 최초 항생제인 페니실린도 등장하지 않았던 시기다. 20세 초 인류는 바이러스에 무방비로 노출된 상태에서 자연면역을 기다려야 했다. 100년이 지난 지금 인류는 첨단 과학기술이라는 방패를 가지고도 바이러스에 쩔쩔매고 있다.

뭐가 달라졌을까. 첫째는 야생동물 서식지의 파괴다. 과거 야생동물은 인류에게 치명적인 바이러스를 가졌더라도 사람과는 떨어져 살았기에 큰 문제가 되지 않았다. 지금은 코로나19 바이러스에서 보듯, 인류가 박쥐와 같은 야생동물 서식지를 파괴한 대가로 바이러스 침공을 받고 있다. 둘째는 인류의 이동 속도와 이동량이다. 스페인 독감이 유행하던 시절, 인류는 프로펠러 비행기로 16시간을 날아야 대서양을 가로지를 수 있었다. 대다수 사람이 수개월 동안 배를 타고 대륙과 대륙을 이동하는 시절이었다. 그나마도 1차 세계대전이 없었더라면 스페인 독감은 전 세계로 퍼지지 않았을 것이다. 지금은 제트여객기로 7시간, 그것도 수많은 사람이 일상처럼 이동하는 시대다. 한 나라 안은 말할 것도 없다.

인류의 미래가 궁금한가. 하지만 미래 예측은 허무한 일이다.

과거 수백 년 전 농경사회였다면, 선지자는 별의 움직임을 예측하고 계절 변화를 미리 말할 수 있었을 것이다. 21세기 인류의 미래는 하나가 아니라 열려있다. 지금 내가, 우리가 하는 행동들이 미래를 결정한다.

호모사피엔스 인류는 지금 지구 밖 우주로 뻗어나가고 있다. 스페이스엑스 일론 머스크의 말대로라면, 2024년에 인류는 최소 5600만 킬로미터 떨어진 화성까지 직접 찾아갈 것이다. 그 때가 되면 다시 기회만큼 또 다른 위기가 찾아올지 모를 일이다. 인류의 종착지는 과연 유토피아일까. 그 답을 찾아내는 것 역시 과학일 것이다. 우리가 두려움을 넘어 과학을 통해 앎의 영역으로 뛰어들어야 하는 이유다.

/ 주 /

1부 우주와 천체에 관한 과학

1 박상준 서울SF아카이브 대표 인터뷰를 참고했다.

2 한국항공우주연구원 주광혁 박사 인터뷰를 참고했다.

3 이주진 한국항공우주연구원 전 원장 인터뷰를 참고했다.

4 익명을 요구한 한국 우주산업 관계자 인터뷰를 참고했다.

5 황진영 한국항공우주연구원 책임연구원 인터뷰를 참고했다.

6 이창진 건국대 항공우주공학과 교수 인터뷰를 참고했다.

7 NASA 제트추진연구소 전인수 수석책임연구원 인터뷰를 참고했다.

8 문홍규 한국천문연구원 책임연구원 인터뷰를 참고했다.

9 문홍규 한국천문연구원 책임연구원 인터뷰를 참고했다.

10 이창진 건국대 항공우주공학과 교수 인터뷰를 참고했다.

11 이창원 한국천문연구원 전파천문연구그룹장 인터뷰를 참고했다.

12 이영웅 한국천문연구원 책임연구원 인터뷰를 참고했다.

13 우종학 서울대 물리천문학부 교수 인터뷰를 참고했다.

14 문홍규 한국천문연구원 책임연구원 인터뷰를 참고했다.

15 최영준 한국천문연구원 우주과학본부장 인터뷰를 참고했다.

16 최영준 한국천문연구원 우주과학본부장 인터뷰를 참고했다.

17 최영준 한국천문연구원 우주과학본부장 인터뷰를 참고했다.

18 한국천문연구원 조중현 박사 인터뷰를 참고했다.

19 문홍규 한국천문연구원 책임연구원 인터뷰를 참고했다.

20 주광혁 항공우주연구원 책임연구원 인터뷰를 참고했다.
21 조성기 한국천문연구원 우주위험감시센터장 인터뷰를 참고했다.
22 한국천문연구원 조중현 박사 인터뷰를 참고했다.
23 김해동 한국항공우주연구원 책임연구원 인터뷰를 참고했다.
24 이상근 문화유산회복재단 이사장 인터뷰를 참고했다.
25 김상혁 한국천문연구원 고천문연구센터장 인터뷰를 참고했다.
26 한국천문연구원 민병희 박사 인터뷰를 참고했다.
27 김상혁 한국천문연구원 고천문연구센터장 인터뷰를 참고했다.

2부 생물다양성과 AI에 관한 과학

1 김진수 기초과학연구원 유전체교정연구단장 인터뷰를 참고했다.
2 서용석 KAIST 문술미래전략대학원 교수 인터뷰를 참고했다.
3 한덕종 서울아산병원 신·췌장이식외과 교수 인터뷰를 참고했다.
4 우상현 대구 W병원장 인터뷰를 참고했다.
5 한국과학기술기획평가원 안지현 박사 인터뷰를 참고했다.
6 한국과학기술기획평가원 손병호 박사 인터뷰를 참고했다.
7 국립축산과학원 황성수 박사 인터뷰를 참고했다.
8 한국생명공학연구원 김선욱 박사 인터뷰를 참고했다.
9 박종화 울산과학기술원 바이오메디컬공학과 교수 인터뷰를 참고했다.
10 김지수 한국생명공학연구원 영장류자원지원센터장 인터뷰를 참고했다.
11 허재원 한국생명공학연구원 선임연구원 인터뷰를 참고했다.
12 정송 KAIST 인공지능대학원장 인터뷰를 참고했다.
13 이경일 솔트룩스 대표 인터뷰를 참고했다.
14 이승환 한국전자통신연구원 기술기획전략실장 인터뷰를 참고했다.
15 최성호 정보통신기획평가원 통신전파PM 인터뷰를 참고했다.

3부 지구환경에 관한 과학

1 극지연구소 유규철 박사 인터뷰를 참고했다.

2 《2050년에서 보내온 경고》, 국회미래연구원; https://www.nafi.re.kr/new/research.do?mode=view&articleNo=2474&article.offset=0&articleLimit=9

3 한국과학기술연구원 정증현 국가기반기술연구본부 차세대태양전지연구센터장 인터뷰를 참고했다.

4 한종희 한국과학기술연구원 청정신기술연구소장 인터뷰를 참고했다.

5 양이원영 의원 인터뷰를 참고했다.

6 한종희 한국과학기술연구원 청정신기술연구소장 인터뷰를 참고했다.

7 김민표 과학기술정보통신부 정보통신산업정책과장 인터뷰를 참고했다.

8 박호정 고려대 교수 인터뷰를 참고했다.

9 박성수 산업통상자원부 사무관 인터뷰를 참고했다.

10 강희찬 인천대 경제학과 교수 인터뷰를 참고했다.

11 김효선 북방경제협력위원회 에너지분과장 인터뷰를 참고했다.

12 김정인 중앙대 경제학과 교수 인터뷰를 참고했다.

13 신형철 극지연구소 부소장 인터뷰를 참고했다.

14 김형모 SKC 친환경반도체 기술팀장 인터뷰를 참고했다.

15 황성연 한국화학연구원 바이오화학연구센터장 인터뷰를 참고했다.

16 홍승우 성균관대 물리학과 교수 인터뷰를 참고했다.

17 장병욱 한국원자력안전기술원 책임연구원 인터뷰를 참고했다.

18 『언던 사이언스』를 번역한 과학기술학자 김동광 박사 인터뷰를 참고했다.

19 현재환 부산대 교양교육원 교수 인터뷰를 참고했다.

/ 도판 출처 /

1부 우주와 천체에 관한 과학

영화 〈달세계 여행〉 https://www.flickr.com/photos/summer1978/17448207595

아폴로 11호 https://www.nasa.gov/feature/50-years-ago-apollo-astronauts-land-take-first-us-steps-on-moon

NASA 우주정거장 https://www.nasa.gov

유럽우주국 문 빌리지 https://www.esa.int/Education/Teach_with_the_Moon/ESA_Euronews_Moon_Village

주요국의 우주개발 관련 민간 기업 수 SpaceTech Industry 2021: Q2 Landscape Overview, SpaceTech Analytics, May 2021. 대외경제정책연구원 재인용. https://analytics.dkv.global/spacetech/SpaceTech-Industry-2021-Report.pdf

췌차오 https://directory.eoportal.org

리처드 브랜슨 https://pressftp.virgingalactic.com/virgingalactic/press

제프 베이조스 https://www.blueorigin.com/news/gallery

스페이스엑스 https://www.spacex.com/updates/inspiration4/index.html

카르만라인 https://en.wikipedia.org/wiki/K%C3%A1rm%C3%A1n_line#/media/File:Atmosphere_layers.svg

스페이스포트 아메리카 https://en.wikipedia.org/wiki/Spaceport_America#/media/File:Spaceport_America_terminal_-_The_Gateway_(15094090585).jpg

퍼서비어런스 https://en.wikipedia.org/wiki/Perseverance_(rover)#/media/File:Perseverance-Selfie-at-Rochette-Horizontal-V2.gif

망갈리안 https://en.wikipedia.org/wiki/Mars_Orbiter_Mission#/media/File:Mars_Orbiter_Mission_-_India_-_ArtistsConcept.jpg

아말 https://en.wikipedia.org/wiki/Emirates_Mars_Mission#/media/File:Mars_Hope_Probe.png

한국형 발사체 누리호 https://www.kari.re.kr/kor/kariimg/view.do?idx=1737&mno=sub10_01&img_gbn=VDO

스페이스엑스 SN8 로켓 https://en.wikipedia.org/wiki/SpaceX_Starship#/media/File:Elon_&_The_Starship_(50710186528).jpg

연도별 우주 발사체 실패 확률 https://www.spacelaunchreport.com

앨런 망원경 집합체 https://commons.wikimedia.org/wiki/File:Seeing_the_Allen_Telescope_Array_-_Flickr_-_brewbooks.jpg

오무아무아 https://commons.wikimedia.org/wiki/Category:1I/%CA%BBOumuamua#/media/File:Eso1737a.jpg

보이저호 골드 디스크 https://en.wikipedia.org/wiki/Voyager_Golden_Record#/media/File:The_Sounds_of_Earth_Record_Cover_-_GPN-2000-001978.jpg

제임스웹 우주망원경 https://blogs.nasa.gov/webb/2021/11/24/testing-confirms-webb-telescope-on-track-for-targeted-dec-22-launch/?utm_source=TWITTER&utm_medium=NASAWebb&utm_campaign=NASASocial&linkId=141557833

아래에서 본 제임스웹 우주망원경 https://en.wikipedia.org/wiki/James_Webb_Space_Telescope#/media/File:James_Webb_Space_Telescope_2009_bottom.jpg

아포피스 https://www.nasa.gov/feature/jpl/nasa-analysis-earth-is-safe-from-asteroid-apophis-for-100-plus-years

우주 물체 추락 시 크기에 따른 충격 에너지와 평균 추락 빈도 https://www.nssao.or.kr

하야부사 2호 https://www.hayabusa2.jaxa.jp/en/

미네르바 투원 https://www.hayabusa2.jaxa.jp/en/topics/20180919e/
근지구 소행성들의 궤도, 태양계 속 소행성대의 위치 https://www.kasi.re.kr
로켓 여객기 https://en.wikipedia.org/wiki/2023_in_spaceflight#/media/File:BFR_at_stage_separation-2018_design.jpg
스페이스엑스 해상 발사장 https://en.wikipedia.org/wiki/List_of_SpaceX_Starship_launches
우주 궤도를 도는 인공 우주 물체 현황 https://www.kasi.re.kr/kor/index
우주 쓰레기 https://www.esa.int/Safety_Security/Space_Debris/Space_debris_by_the_numbers
우리 역사 속 천문 관측 기록 글자 수 https://www.kasi.re.kr
『고려사』 등 https://www.kasi.re.kr

2부 생물다양성과 AI에 관한 과학

영화 〈아일랜드〉 https://it.wikipedia.org/wiki/The_Island_(film_2005)#/media/File:The_Island.jpg
드라마 〈6백만 달러의 사나이〉 https://commons.wikimedia.org/wiki/Category:The_Six_Million_Dollar_Man#/media/File:Six_million_dollar_man_1973.JPG
유전자 편집 원숭이 http://www.xinhuanet.com
크리스퍼 유전자 가위 원리 https://www.ibs.re.kr
세 부모 아기 https://www.npr.org/sections/health-shots/2017/04/08/523020895/a-baby-with-3-genetic-parents-seems-healthy-but-questions-remain
영화 〈도웰 교수의 증언〉 https://www.youtube.com/watch?v=L_jGJFNTzv4
헤븐 프로젝트 https://www.nextbigfuture.com/2018/07/first-human-head-transplant-will-still-happen-soon-based-upon-millions-in-sunk-costs.html
〈성코스마스와 성다미안의 유스티니아누스 치료〉 https://commons.wikimedia.org/wiki/File:Fra_Angelico_-_The_Healing_of_Justinian_by_Saint_Cosmas_and_Saint_Damian_-_WGA00519.jpg

장기이식 수술의 역사 https://www.kofac.re.kr

세포 기반 인공장기 국내외 기술 동향 https://www.nature.com; http://www.mgenplus.com; https://www.kistep.re.kr

이종 장기 기술의 현주소 https://www.nature.com; http://www.mgenplus.com; https://www.kistep.re.kr

뉴욕대학 랑곤헬스 https://med.nyu.edu

부계 모계 조상 https://www.edgc.com

인류의 이동 경로 https://ko.wikipedia.org/wiki/%EC%9D%B8%EB%A5%98_%EB%AF%B8%ED%86%A0%EC%BD%98%EB%93%9C%EB%A6%AC%EC%95%84_DNA_%ED%95%98%ED%94%8C%EB%A1%9C%EA%B7%B8%EB%A3%B9#/media/%ED%8C%8C%EC%9D%BC:Migraciones_humanas_en_haplogrupos_mitocondriales.PNG

미토콘드리아 https://ko.wikipedia.org/wiki/%EB%AF%B8%ED%86%A0%EC%BD%98%EB%93%9C%EB%A6%AC%EC%95%84_DNA#/media/%ED%8C%8C%EC%9D%BC:Electron_microscopy_reveals_mitochondrial_DNA_in_discrete_foci.jpg

유전자 분석 https://www.pxfuel.com/en/search?q=genetic+research

인간 게놈 프로젝트 https://www.genome.gov/about-nhgri/Director/genomics-landscape/Feb-12-2021-twenty-year-anniversary-of-draft-human-genome-sequence-publications

DTC 유전자 검사 허용 항목 http://www.mohw.go.kr

국가별 DTC 김사 허용 항목 https://www.macrogen.com

윈난영장류생물의학중점연구소 https//www.nature.com

원숭이 왕국 Illustration by Jonny Wan. https://www.nature.com

붉은털원숭이 https://portal.kribb.re.kr/board/view?linkId=7&menuId=MENU00719

다큐멘터리 〈너를 만났다〉 https://www.youtube.com/watch?v=uflTK8c4w0c

인공지능 https://pixabay.com/illustrations/artificial-intelligence-robot-ai-ki-4417279/

챗봇 시장 규모 https://www.statista.com

인공지능 챗봇 가람이 http://www.saltlux.com/company/readMore.do?t_name=sl_posts&category=10008&category_name=%EB%89%B4%EC%8A%A4&ID=25040&page_index=7

6G시대 https://www.shutterstock.com

이동통신 생태계 발전 경로 https://www.etri.re.kr

3부 지구환경에 관한 과학

영화 〈지오스톰〉 https://www.youtube.com/watch?v=RNmMRwjpfL0

영화 〈투모로우〉 https://www.youtube.com/watch?v=Ku_IseK3xTc

에비아섬 산불 https://apnews.com

인도 뉴델리 밤거리 https://apnews.com

그린란드 영구 동토층 https://commons.wikimedia.org/wiki/File:Permafrost_thaw_ponds_in_Hudson_Bay_Canada_near_Greenland.jpg

스위스 벤켄 해바라기밭 https://www.weforum.org/agenda/2018/09/why-there-need-for-speed-on-climate-action-paris-agreement/

불가리아 소피아 발전소 https://apnews.com

국제핵융합실험로 토카막 피트 베이스 https://www.msit.go.kr

한국형 초전도 핵융합 연구장치 https://www.msit.go.kr

에너지별 수소 대비 탄소 비율 https://www.kmou.ac.kr

수소연료 https://upload.wikimedia.org/wikipedia/commons/thumb/8/84/Hyundai_ix35_Fuel_Cell_electric_vehicle_at_Hydrogen_Gas_Station_1.jpg/1024px-Hyundai_ix35_Fuel_Cell_electric_vehicle_at_Hydrogen_Gas_Station_1.jpg

한국과 일본의 수소연료전지차 https://www.hyundai.com; https://www.toyota.co.kr; https://www.hondakorea.co.kr

노르트스트림2 자재 https://apnews.com

국가별 천연가스 생산량, 1990~2020년 전 세계 천연가스 생산량 추이 https://yearbook.enerdata.co.kr/natural-gas/world-natural-gas-production-statistics.html

지구 내부 구조 https://www.shutterstock.com

세계 지열발전 설비 능력 추이와 전망 https://www.iea.org

열수를 이용한 지열발전 원리 https//www.kigam.re.kr

지열을 이용한 히트펌프 방식 냉난방 원리 https://www.energy.or.kr

돔 아르구스 쿤룬 기지 http://www.xinhuanet.com/aboutus.htm

극지연구소 'K-루트 사업단 https://www.kopri.re.kr

아문센스콧 기지 야경 https://www.nsf.gov/news/news_images.jsp?cntn_id=125161&org=NSF

세계 각국의 남극 기지들 https://www.kopri.re.kr

전 세계 플라스틱 생산량 추이 www.statista.com

생분해성 플라스틱 식기구 https://ko.wikipedia.org/wiki/%EC%83%9D%EB%B6%84%ED%95%B4%EC%84%B1_%ED%94%8C%EB%9D%BC%EC%8A%A4%ED%8B%B1#/media/%ED%8C%8C%EC%9D%BC:BiodegradablePlasticUtensils2.jpg

파장의 크기에 따른 전자기파, 식품 중 칼륨40의 방사능 함유량 https://ko.wikipedia.org/wiki/%EC%A0%84%EC%9E%90%EA%B8%B0_%EC%8A%A4%ED%8E%99%ED%8A%B8%EB%9F%BC#/media/%ED%8C%8C%EC%9D%BC:EM_Spectrum_Properties_edit_ko.svg

방사능 연구 노벨상 수상 마리 퀴리 등 https://ko.wikipedia.org/wiki/%EB%A7%88%EB%A6%AC_%ED%80%B4%EB%A6%AC#/media/%ED%8C%8C%EC%9D%BC:Pierre_and_Marie_Curie.jpg

라멜라 구조 https://www.khu.ac.kr/eng/news/detail.do?seq=1005017

가습기 살균제 피해 규모 https://www.humidifier-disinfectant.com/sub-effort03.do

과학을 공부하는 과학

뜨거워지고 위험해지는 지구에서 살아남는 법

1판 1쇄 펴냄 2022년 1월 11일
1판 2쇄 펴냄 2022년 2월 22일

지은이 최준호

펴낸이 송상미
편집 박혜영
디자인 오필민 김경진

펴낸곳 머스트리드북
출판등록 2019년 10월 7일 제2019-000272호
주소 (03925) 서울시 마포구 월드컵북로 400, 5층 11호(상암동, 문화콘텐츠센터)
전화 070-8830-9821
팩스 070-4275-0359
메일 mustreadbooks@naver.com

ISBN 979-11-976934-0-3 03400